U0170279

唤醒你的财富能量

财富吸引力法则

黄悦函 著

中国经济出版社
CHINA ECONOMIC PUBLISHING HOUSE

·北京·

图书在版编目（CIP）数据

唤醒你的财富能量／黄悦函著. —— 北京：中国经
济出版社，2024.1

ISBN 978 – 7 – 5136 – 7596 – 3

Ⅰ. ①唤… Ⅱ. ①黄… Ⅲ. ①财务管理 – 通俗读物
Ⅳ. ① TS976.15–49

中国国家版本馆 CIP 数据核字（2023）第 236199 号

策划编辑　姜　静
责任编辑　王西琨
责任印制　马小宾
封面设计　任燕飞装帧设计工作室

出版发行　中国经济出版社
印 刷 者　河北宝昌佳彩印刷有限公司
经 销 者　各地新华书店
开　　本　880mm×1230mm　1/32
印　　张　5.5
字　　数　83 千字
版　　次　2024 年 1 月第 1 版
印　　次　2024 年 1 月第 1 次
定　　价　59.00 元

广告经营许可证　京西工商广字第 8179 号

中国经济出版社　网址 www.economyph.com 社址 北京市东城区安定门外大街 58 号 邮编 100011
本版图书如存在印装质量问题，请与本社销售中心联系调换（联系电话：010-57512564）

准备好迎接奇迹了吗?

先说说写这本书的原因。我有一些忠实读者,在读了我的《高财商:轻松实现财务自由的思考力和行动力》《学会复利成长,实现财务自由》两本书后,在投资市场获得了丰厚的收益。也有一些读者去创业。其中有一名读者创办了艺考机构,毕业六年已经身家千万元,管理着多家艺术培训公司以及几十名员工。他们都是顺应了上述两本书中写的"趋势和风口"。

我会总结,为什么有些成功的人能准确地把握风口,对我来说,既是多年投资工作的积累,有的时候又是直觉,是那一瞬间的灵光一现,仿佛有个声音提醒我"这里就是机会"。总觉得自己的成功有如神助,是运气好。因此,除了上述两本书中写的经济学理论和投资知识,不少读者朋友更想让我从另一个维度分享财富能量。

2022年10月底股市低迷,某些板块已经处于历史估值的低位。我在那时候布局了一些基金，没有时间来做分享。外地读者一次次来北京看我，催促我写本书来分享。2023年4月20日是阴历三月初一，也是谷雨节气。我突然起念，写下了最开始的5000字，后面用了几个月就完成了这本书。

作为普通人的我，总能被生活中一些神奇的事情吸引

我出生在上海繁华的南京路，和奶奶一起长大。小时候，当别的小朋友在弄堂里游戏嬉闹的时候，我喜欢在家里看《聊斋志异》《西游记》这类书，对书里的"菩萨""神怪"特别感兴趣，想知道他们的"法力"从哪里来。夏夜在家门口坐着躺椅，摇着蒲扇乘凉，我也总会盯着天空中最亮的那颗星沉思，仿佛那里有无穷的力量牵引着我。

小时候的"神奇"事件：以全校第一名考进了全市重点高中

后来我和奶奶搬到了我的父母所在的城市天津，上了小学和初中，陌生的城市，陌生的环境，让我感觉非常无助。我读的初中很一般，很多孩子不学习，有两个女生爱用言语挑事，会放学拦住我，抢走我的零食和游戏币。当时我希望快点离开这所中学，去上"好学生"聚集的中学。但初中的时候我的学习成绩也只是中上游，考上重点高中谈何容易。

距中考还有 3 个月时，班主任说，天津重点中学耀华中学提前招生，大家都可以去试试。所有同学都去了，我也去了，当时想的就是凑个热闹，因为市重点高中的实验班录取率太低了。

神奇的事情发生了，一天中午，班主任把我叫到办公室，说:"你可以不用来上学了，你被耀华中学录取了，而且是学校唯一一个考上耀华中学的学生。"我成为全校的荣誉学生。当时我很蒙，因为我在班里也就是前十名，突然变成全校第一，确实神奇。然后，班主任又把我带到教室，让全班同学为我鼓掌。当时没有荣耀的感觉，就是觉得我终于可以离开这所学校了。是小说里的"护法"带我去了耀华这么好的高中，还可以提前好几个月在家里玩。我的"护法"太厉害了。这件事到现在想起来还像做梦，在班里的成绩中上游，居然考了个全校第一，不可思议。

更多的"神奇"事件，多到数不过来

● 高考超水平发挥考入南京大学，还拿了新生入学奖学金。

● 在德国读硕士期间，因为成绩优异，有幸获得当时全校唯一一个留学生奖学金名额。

● 毕业后作为引进人才进入中科院系统，如愿以偿地在

其下属投资集团做投资工作。

● 作为第一次入股市的小白就赶上了牛市，我抄在了底部，翻了几十倍后，冥冥之中有一个声音告诉我，"可以了，卖掉吧"。于是我卖在了顶部。后面的每次牛市都是如此。

● 投资工作中把握各种风口，甚至有时觉得自己就是风口。

● 最爱的奶奶幸福平安，健康长寿。

● 与不守规矩的生意伙伴分开，后来他破产、一无所有。

● 年会派对总是抽到特等奖、一等奖，本来以为是人家客气"放水"，但抽奖的人并不认识我，看来纯属运气。

在研究"好运"的过程中，我将其和我的投资工作结合起来，解释了为什么有钱人会有钱，为什么有的人劳碌却一无所获，也解释了为什么我可以获得投资上的成功，并愿意和我的读者分享。

我把这些归功于一种财富能量，所以才有了这本书。**这种财富能量，既指用心念吸引财富的能量，也包括财富可以转化的给生活带来喜悦感和安全感的能量。财富能量每个人都可以拥有，从不知到知、从低能提升到高能的过程，即为唤醒。如何唤醒你的财富能量？谜底会在书中慢慢揭开。**

感谢两位同频共振的能量高人和我忠实的读者

这本书的出版要特别感谢刘宏剑老师和姜静老师，他们高频率的积极、乐观、开放、接纳催化了这本书的诞生。还要感谢我忠实的读者纪文文，我两本书里的内容都被她吸收并运用于工作中，在她大学毕业六年后就创下了千万身家的成功中得到了反馈。

分享了这么多我的"神奇"经历，相信读者会对财富能量产生兴趣。当然，每个人的生活环境和成长经历不同，我的这些"好运"会因人而异。但大家对美好生活的向往之心是一样的。希望这本书能够为更多因为财务问题迷惘、焦虑的读者提供方法，提升他们的能量，使读者产生正念、正能量，让他们持续积极向上，为共创积极和谐的社会作贡献。

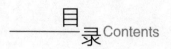

目 录 Contents

第一章

财富的吸引力源于你的心念

设定目标，你想要的都会得到

在前言中说了我得到了我想要的好学校、好工作，在投资工作中总会遇到风口，一切顺利。但当时我并不明白这是为什么，只觉得是单纯的好运气。但是随着好运发生频率的增加，我试图去发现我当时做了些什么，想总结出规律。

就拿我初中考高中来说，我仅仅是班里一个成绩中等偏上的学生，居然作为全校第一，考入了全市有名的高中的实验班，被提前录取。这太不符合常理了。回忆当时，我做了以下四点：

- 许下心愿，确定目标

虽然学习成绩一般，但是考入全市最好的中学是每个学生的梦想。我准备了一个非常漂亮的本子，把它叫作"梦想本"，然后在上面写上"我一定会考入耀华中学"，在旁边还画了一个有着小翅膀的"仙子",专门来帮我实现愿望。注意,我用的词是"会"而不是"要"。"会"代表了一种结果,比起"要",可以给自己带来更有效的心理暗示。

· 聚焦目标,开始行动

既然确定了目标,当然要行动起来,努力学习。虽然学习成绩在初中的班里只是中等偏上,但是我很乐观,觉得自己也不笨,成绩没达到预期是因为做题不够。我开始奋发向上,不去游戏厅了,把课余时间都用来"刷题",并且专门准备了错题本,把自己反复错的问题写下来,分析,搞懂,搞透。这就是我在《学会复利成长,实现财务自由》这本书的"学业的复利"里写的"刻意练习"。其实,我们总会在同一类题型上犯错,只要加强刻意练习,就能解决这个问题。

· 消除阻碍,避免担忧

定下了目标就要向目标的方向奔跑。但是如果思想摇摆不定,今天相信,明天又怀疑,那是不可能实现目标的。天津耀华中学的师资很强,现在它的师资比我小时候的师资更强,在网上都可以搜索到,有美国常青藤名校留学回来的博士,有国内名牌大学毕业的研究生。我当时就经常到耀华中学的门口散步,想象自己在这里上学;想象自己每天早晨踏入学校的大门,向老师问好;想象老师在班里讲述自己的大学生活。当脑子被这些美好的想象占据时,自然就不再有阻碍和担忧。

· **心存感恩,不懈努力**

拥有感恩的心,是最容易将美好事物吸引到你身边的,因为懂得感恩的人拥有很强的能量。这一点,我在后面的章节会具体讲。当然,我在初中的时候是不懂这些的。但是每当我把不会的题都学会了以后,我就会翻开许愿本,在本子上对"仙子"写下"谢谢你,我的成绩又进步了"这样感谢的话。

我后来采取类似的操作步骤,考上了南京大学。那么这四点为什么有这么强大的力量呢?

什么是能量? 意识活动属于振频高的能量

爱因斯坦的老师、量子理论之父马克斯·普朗克博士在 1918 年获得诺贝尔物理学奖。1944 年在意大利佛罗伦萨,他在题为"物质的本质"的公开演讲里提到"物质本身并不存在",这段演讲被收录在马克斯·普朗克协会(Max-Planck-Gesellschaft)档案中。

他感叹道："我对原子的研究最后的结论是——物质是由快速振动的量子组成的！"他发现振动频率高的成为无形的物质，如人的思想、感觉和意识；振动频率低的成为有形的物质，如看得到的桌子、椅子、房子；等等。

量子物理学家通过大量的微观试验发现，世间万物都是由分子组成的，分子又是由原子组成的。再把原子放大来观察，发现原子是由基本粒子（中子、电子）组成的，其余绝大部分是真空。

再观察这些基本粒子，竟然发现这些粒子不停地消失、出现，它们并不是我们一直相信的那样是固体的静止的，它们是能量，是运动的能量。这足以证明，世间的万物是由能量组成的。无论是在街上跑的汽车，还是在路上走的人，都是由能量组成的。

由此可见，**能量是维持宇宙各星球、自然界万物生生不息及运动变化的基础。它是一种无形的力量。能量的本质是振动**。能量的高低就是振动频率的高低。高能量振动可以吸引周围高频率振动的人和事物。低能量振动会吸引周围低频率振动的人和事物。

人是宇宙中的一种能量体，同样具有能量频率、能量守恒、功率、共振等属性。我们的身体属于振动频率较低的能量，是看得见、摸得着的物质形态，而我们的意识活动（思想、情绪、语言等）属于振动频率较高的能量，是看不见、摸不着却能感知到的无形态。

所以人的意念、心识会产生巨大的能量，从而来鼓励你实现愿望。

脑细胞群体活动会产生复杂的生物电流，由此产生的磁场叫脑磁场，也可以叫**意念磁场**。

意念磁场可以产生力的作用，这就是**意念力**。意念磁场可以影响随机事件的发生。意念磁场能够吸引和意念特征相一致的事情、环境和人群。也就是说：你关注什么，就会吸引什么进入你的生活。

任何你给予能量和关注的事物都会来到你的身边，不论你关注的是好的还是不好的。这也是有的时候"乌鸦嘴"那么"灵"的原因。

意识到了这一点，就不难解释为什么我们所求必有所得。那么，平常我们是不是应该多想点积极的好事呢？

神奇的财富吸引力法则

宇宙中有个神奇的吸引力法则，这个法则可以让你得到你想要的一切。知道并运用这个秘密的人都已经成功了。例如历史长河中的那些名人：尼古拉·特斯拉、爱因斯坦等。吸引力法则是什么？真的有那么神奇吗？

吸引力法则说的就是：人的心念（思想）总是与和其一致的现实相互吸引。你的意识就像一块磁铁，周边与之相关的有磁性的东西，都会被吸附在一起。磁铁的磁场越强，吸附的东西就会越多，范围也就会越广。这也是心理学中的"吸引定律"。

上一部分，我们说了人是宇宙中的一种能量体，我们的意识活动虽然看不见、摸不着，但也属于振动频率较高的能量。意念磁场能够吸引和意念特征相一致的事情、环境和人群，也就是说同频共振，你关注什么，就会吸引什么进入你的生活。

有人会问：我想要变富，钱就真的会来吗？这难道不是白日梦吗？到底有没有科学依据？**这一节我们用 2022 年诺贝尔物理学奖获得者的超距作用理论来解释财富吸引力法则的存在。**

超距作用

2022 年 10 月 4 日，诺贝尔物理学奖被授予阿兰·阿斯佩、约翰·克劳泽和安东·塞林格三人，他们证明了量子纠缠没有其他变量，叠加态确实存在，即"处于纠缠态的两个量子不论相距多远都存在一种关联，其中一个量子状态发生改变，另一个的状态会瞬时发生相应改变"。

阿兰·阿斯佩、约翰·克劳泽和安东·塞林格利用突破性的实验，证明了研究和控制处于纠缠状态的粒子的潜力。这里要强调的是，同频同步，其速度超越光速，实现了**超距作用**。

我们用量子纠缠的超距作用来解释我们的意识和愿望。意识和愿望就是两个具有相同属性的粒子。意识和愿望一旦发生变化，强大到可以改变自身的状态，就算远在宇宙的任何一个角落、任何一个时间点，都可能会出现超距作用，你关注的能量和事物都会在你的意识和愿望发生转变的同时，来到你的身边，跟你的意识完成属性同步。

波粒二象性原理

如果你对量子力学感兴趣，也可以去了解一下量子力学的基石：波粒二象性原理。这是通过著名的"**双缝实验**"得出的结论：

用一盏灯照两个与地面垂直的双缝板，并在双缝板的后面放置一个探测屏幕，另一端放置一个发射器来发射粒子。粒子通过双缝后，并没有出现和双缝平行的条纹，而是出现多条明暗相间相互干涉的条纹。也就是说，粒子在运动的过程中是**波**的性质，以波的形式穿过两条缝隙，并且与自己产生干涉现象。

但是当研究人员装上了观察的感应装置后，**神奇的事情发生了**，粒子穿过双缝板后，由于观察者的加入变成了两道杠，即呈现了**粒子性**。

如果你观察，就会造成叠加态的坍缩，只剩下一个确定无疑的结果。**所以说光既可以表现为波，也可以表现为粒子状态，这就是波粒二象性**。而其中的变量只是观察方式不同。这也是观察者效应。

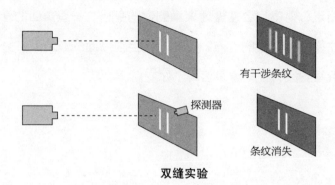

有干涉条纹

探测器

条纹消失

双缝实验

"双缝实验"的结果让人或多或少地对这个世界的真实性产生怀疑。如果我们不观测，那些我们没有观测的人和事会不会以波函数的形式存在？

宏观世界里，我们总是强调先有因后有果，没有开始就没有结束。而在微观量子世界，"双缝实验"向世人展现了不一样的结果。在作出决定前，一切可能性都以能量波的形式存在，这时候充斥着不确定性。当一个决定被做出之后，那其中的一个可能性就成为粒子态即成了铁铮铮的事实。

所以这就可以解释吸引力法则怎样起作用，当我们向某一个可能性倾尽全力时，能量波状态逐渐会消散而成为某一粒子态，这就拥有了自己想要的那个结果。

端正你的意识，是吸引财富的第一步。如果你不相信自己会变富，内心一直匮乏，那吸引的只会是贫穷。如果你内心富足，财富也会慢慢地聚集到你的身边。一些负面的念头，往往是你财富的卡点，这些我们会在后面的章节展开分析，看看到底有哪些意识阻碍了你变富。

潜意识是你致富的阿拉丁神灯

前两节讲了我们的心念有巨大的能量，你关注什么就会得到什么。有人会说，为什么我许愿变富，而愿望迟迟不实现呢？那有可能是因为你在潜意识里不相信它会实现。

什么是潜意识？

"第二天要赶飞机，把闹钟调到 5：30，然而在 5：29 自然醒了。"

"有一种很好的预感，某只股票会涨，买了以后果然大涨。"

"直觉想翻翻某个抽屉，果然找到了这几天一直在找的一本书。"

这些神奇的事情其实都是潜意识在发生作用，潜意识真的很神奇。

我认识一位投资圈的前辈，曾经给我讲过他的故事：

这位前辈小的时候，爷爷拿着他的生辰八字找算命先生看。算命先生大惊，说他是一位大富大贵之人，商业奇才，以后一定会在商业方面做出成绩。他家三代都是浙江的农民，都没有出过大学生，他的爷爷和父亲听了算命先生的话后大喜，把家里所有的积蓄都拿出来供他读书。每逢过年过节，爷爷都要在亲戚朋友面前重复算命先生的话，说孙子一定会成为一个商业大亨。

这位前辈不负众望，考入了北京的"985"高校，毕业后去了知名金融管理机构工作，之后自己创业，涉足房地产、金融、高科技各个领域。他还成立了自己的投资集团，在投资圈很有名气。

后来他又和公司的民俗学专家讨论出生年月，发现爷爷因为年纪大，弄错了自己的出生年月，民俗学专家说他的实际命格非常一般，对他现在的成就感到不可思议，将其归功于后天的持续努力。这位前辈笑笑说："我的命运岂能是他人来说的，我命由我不由天。"

在我看来，这位前辈从小在潜意识里接受了爷爷和爸爸"大富大贵""商业奇才"的暗示，一直朝这个方向努力，最后取得了成功。

每个人都有表面意识与潜意识两种意识。**表面意识，就是我们大脑的想法。潜意识，从字面看，就是潜在、潜藏的**

意识。宝宝在妈妈肚子里的时候，潜意识便开始形成，出生后原生家庭的影响、学校的教育、从小到大的阅历，一切影响过你的外部思想观念、意识和你自己内部形成的观念意识情感，包括正面积极的意识情感和负面消极的意识情感，这些都会在你的潜意识里汇集、沉淀、储存起来。

心理学家弗洛伊德把心灵比喻为一座冰山，浮出水面的是少部分，代表表面意识；而埋藏在水面之下的大部分，则是潜意识。他认为，人的言行举止只有少部分是由表面意识控制的，其他大部分都由潜意识主宰，而且是主动地运作，人却没有觉察到。

潜意识产生的意念磁场的强度远远大于表面意识产生的意念磁场。潜意识产生的意念磁场形成以后，除了运行在我们身体内，更多的是凝聚在我们体外，包围着我们，这就是我们说的气场。

爱因斯坦曾说直觉是上帝的礼物，而理性思考是忠实的仆人。而我们现在，往往尊重了"仆人"，却忘记了"礼物"。爱因斯坦所说的"礼物"就是潜意识的能力。

这让我想起了那个《阿拉丁与神灯》故事里的灯神——

阿拉丁取出神灯一擦，灯神随即就出现在他的面前，问道："主人，需要什么，请吩咐吧！"

当阿拉丁提出他的愿望，灯神就会应诺："明白了，一定照办。"然后悄然隐退。

如果把心灵比作一座花园，那么你就是这座花园的园丁。你常常自觉或不自觉地在潜意识里种下思想的种子，这些"种子"往往来源于你的习惯性思考。由于花园的土壤非常肥沃，所以不论这些种子是鲜花还是毒草，只要种下去，它们都会开花结果。种瓜得瓜，种豆得豆。这就解释了为什么掌握自己的思想如此重要。唯有如此，你才能得到你想要的生存环境。

如果你相信你生来贫穷，没有赚钱的命，不配得到好的食物、衣服、居所，你就会在潜意识里种下匮乏的种子，你收获的也将是贫乏的物质。你为什么不在心灵花园中播种下富足、幸福、值得和财务自由等意愿的种子呢？让自己确信这些愿景，毫无保留地把它们同自己的理智融合在一起。如果你持续不断地把这些种子种在自己的心灵花园里，那么你将等到一个辉煌的收获季节。

相信神奇的潜意识的力量，发现最强大的自己，让自己拥有最精彩的人生。你要相信本自具足，财富如同血液，是每个人生命所必需，也是每个人生来就不该缺乏的。

回到本节一开始的问题，为什么有人许愿变富，愿望却迟迟不实现？是因为他的潜意识里对财富抗拒、怀疑，放弃了拥抱财富的努力。我们会在后续的章节里带大家来察觉你潜意识里对财富的态度，从而消除负面的念头，消除卡点，把富裕的念头灌输到潜意识中，让你想有钱，就能努力赚到钱。

当你开始了解时，你才是掌控情况的主人，你才会变得能做主。心想事成是我们常常用来祝福别人的吉祥话，但是如果你学会了运用潜意识，就会真的心想事成。

这也是我在《高财商：轻松实现财务自由的思考力和行动力》一书中一直强调的：对财富要有正确的态度。端正你的态度，察觉你的所思所想，你就会在潜意识里种下富裕的种子，开出茂盛的花朵。

每个人的心中都有一个永恒存在的宝库，只要我们懂得启动潜意识的无穷能量，那么财富、成功、升迁、爱情、婚姻等人们的追求，都会发生在我们身上。我们可以从宝库中拿出我们需要的财富，可以拥有充实、富足、快乐、幸福的人生。

稻盛和夫、埃隆·马斯克和史蒂夫·乔布斯都精通用心念显化成功

在前文中，我们说到心念巨大的能量可以影响个人前途。一些世界首富、企业家、科学家以及其他领域的大师，也是靠心念的力量助力成功、改变世界的。

经营之圣稻盛和夫：在心念的鼓励下创造"日航奇迹"

1959 年，一家名叫京瓷的公司在日本京都市郊区悄悄成立，注册资本仅仅 300 万日元（约合人民币 3 万元），员工仅 30 人，创始人是一个名不见经传的年轻人——稻盛和夫。但谁也没想到，就是这样一家小公司，几十年后会成长为世界 500 强企业，并且创造了一个企业界的神话：连续 61 年无亏损，企业营业额和利润逐年稳步增长！

2010 年 1 月，日本航空公司（以下简称日航）宣告破

产，震惊了全世界。为了重建日航，时任日本首相鸠山由纪夫出面邀请稻盛和夫出山，几经推托，78 岁的稻盛和夫成为日航重建的领导人。后来，稻盛和夫仅用一年时间便带领日航扭亏为盈，从负债做到企业历史最高的营业利润，实现了一个大"V"字的起死回生。这在人类经济史上都是少有的例子，被称为"日航奇迹"。而这场奇迹的背后，是稻盛和夫强大的内心力量。

日航的重建过程可以说是一个"以心唤心"的过程。稻盛和夫率先垂范，感动了日航的干部职工，他将内心的能量传递给员工，鼓励他们追求自我提高，追求更好的工作。因此，员工的发展得到了极大的尊重和支持。稻盛和夫触动了他们的良知，唤醒了他们的心灵。心变了，人就变了，由人构成的企业也就能够焕发出重生的能量。在这种情况下，他经营管理的公司就得到了迅速的发展和壮大。

稻盛和夫觉得心念的力量在他的经营管理中起到了巨大的作用。他在他的书中写道：

● 从我自己的人生经验出发，我把"心不唤物，物不至"作为自己坚定的信念。

● 如果你内心不予呼唤，方法也不会来，成功也不会来。因此，首先得具备强烈而切实的愿望，这一点最重要。

这种愿望成为起点，最终定能实现。

- 只有自己内心有渴望的事情，才能将它呼唤到可能实现的射程之内。

- 首先要明白"心不想，事不成"。

- 一个人心中描绘的事情或心中的愿望，会如愿地在其人生中出现。因此要想做成事情，首先要思考"要这样、必须这样"。这种愿望比谁都强烈，热情达到燃烧的程度，这比什么都重要。

埃隆·马斯克用想象力创新世界

埃隆·马斯克是特斯拉公司的创始人。他还创立了SpaceX 公司，推动了以人类为中心的私人太空探索。在过去的十年间，SpaceX 已经成功地实现了多次发射卫星以及国际太空站的补给任务，同时他们的目标也逐渐从商业化太空旅游和探索周边地球轨道拓展至登陆火星。他还将大量的资金投到很多不为人知但又极富前瞻性的高科技领域，比如全球市场占有率最大的太阳能发电公司、速度能达到每小时1200 公里的超高速列车。

马斯克是大众眼中创造未来的人，也是那个提出要将人类送上火星，并且最终实现殖民火星的科技狂人，被称为"硅谷钢铁侠"。2021 年 3 月 2 日，胡润研究院发布《2021 胡润全球富豪榜》，马斯克以 1.28 万亿元财富首次成为世界首富。

马斯克小时候经常活在自己想象的世界中，就算有人在他身边蹦来跳去，他也不会注意到，思考也不会被打断。大家觉得他可能耳聋。他的母亲梅耶曾苦恼地说："有时候他就是听不见你说话。"他从小就拥有这种专注力。

长大后的马斯克作为一个渴望突破极限的创新者，想象力的灵感为他提供了超凡的创造力。他在无尽的宇宙中探索着可见与不可见之物，潜心研究，拓宽知识的边界。马斯克孜孜不倦的探索改变了人类对宇宙的观念，帮助人们走向新的未知领域。

电动车代替燃油车、移民去火星，这些都是人类的梦想。但马斯克能够想象出非常具体生动的形象，具体到丰富繁杂的细节。马斯克说："大脑有个区域专门负责处理眼睛接收的图像，而我大脑的这个区域似乎都用来处理思维活动了。"马斯克逐渐认识到，他的大脑和电脑差不多，可以看清楚世界上的事物，把它们刻在脑中，然后想象怎样应用它们。天马行空的想象力、远见卓识和超强的执行力帮助他完成了许多似乎不可能完成的任务。想象力是心念对新事物强有力的渴望和召唤，可见，心念的力量可以做出多少发明创造，乃至可以改变世界。

乔布斯和巴菲特都是冥想爱好者

马斯克被问到：你曾经尝试过冥想或类似练习吗？他说，他就是安静地坐在那里，重复一些曼陀罗的图像，把它作为聚焦心锚。

冥想是停止大脑对外意识的运作，注意力集中在特定的对象、思想或感觉上，以达到精神清晰和放松的状态，可以让人更加专注地做事。每天进行冥想、排除杂念、培养正念，将大大有助于内心的平静，提升心的能量。

苹果公司的创始人乔布斯以及"股神"巴菲特会花很多时间冥想，有时甚至是一整天。

在《史蒂夫·乔布斯传》①中，乔布斯觉得通过冥想可以让自己平静下来，心里有空间聆听非常微妙的东西，直觉开始发展，事情看得很透，视界会极大地延伸，看到之前看不到的东西。但是这种能力也是一种修行，要不断地练习才能拥有。

巴菲特曾是世界首富，他认为冥想使自身受外界影响降到最低，能启发灵感，厘清思路，做到科学决策，可以不因受市场氛围、个人主观偏见影响而做出错误的投资决策，从而提高财富的灵性。

---

① 沃尔特·艾萨克森.史蒂夫·乔布斯传[M].北京：中信出版社，2014.

心念的能量可以影响甚至改变命运

　　上一节说到马斯克发挥想象力创办了特斯拉公司，并且正在实行他的人类火星移民计划。这个世界上的每个行业都由心想而起。我们想享受美食，餐饮业应运而生；我们想穿得美美的，服装业蓬勃发展；我们想快乐，娱乐业如约而至；我们想像鸟儿一样在天上飞，飞机带我们翱翔天际；我们想像鱼儿一样在水里游，轮船带我们畅游大海。

　　通过电脑就可以下单买东西，隔天你购买的物品就会出现在家门口，这在几十年前还只是科幻小说里的场景。小时候觉得坐在家里就可以买到世界各地的东西，这也太神奇、太方便了，希望这个美梦可以成真。如今，网络购物已经成为我们生活的日常，我们可以买到各地的特产、各国的品牌，真的非常奇妙。我们先有一个想法，然后去执行，把它变成现实。心念的能量如此之大，以至于改变了世界。

你是怎么想的，与你想法相关的人和事就会向你靠拢，你的想法就像一个磁场，把所有有利于你想象的内容因素吸引过来，从而促使你达成愿望。所以要多想好的事情，相信自己一定能达成愿望，保持积极的心态，对自己有信心。"念念不忘，必有回响"就是这个道理。

要特别注意的一点是：人的心中和头脑中的想法不同。**在我看来，这是潜意识和表面意识的区分。在头脑里活动的是概念、判断、推理，而心念是你内心深处的真实想法和意识。**你立下追求财富的目标，却在行动上退缩，如果觉得凭借自己的能力得不到好工作、享受不了好的生活，那么实际上你只是在头脑里立了个目标，在潜意识也就是心念里并没有完全相信。这些负面的匮乏的意识，就会阻碍你实现目标。关于对具体的负面意识的觉察和清理，我们在之后的章节会具体讲并分享实操方法。

我们的每个思想和意念都负荷着不可思议的能量，这些能量会透过各种形式创造物质。任何一个小小的念头，都可能改变整个世界。你的思想能创造出财富，也能创造出匮乏和贫穷；你的负面思想会让你陷入失败，正面思想会让你获得成功。你生命经验的种种，可能都与你的思想有关。知道这个原理以后，我们就知道要如何端正自己对财富的信念和态度。我们要警惕自己的每一个念头，因为信念的力量是相当大的，你想的是什么，就会创造出什么。

养成认知心念的习惯

消极念头	积极念头
经济不好，我找不到工作	经济在复苏，找一份好工作对我来说是容易的事
这样做就是浪费时间，一点用都没有	多试试其他方法，我会完成这个目标
我喜欢的男生（女生）不喜欢我	我的正缘一定在某个地方等着我
我条件不好，各方面都比不过别人	我是独一无二的，我身上有别人没有的特长
我现在好穷	我一定会过得很幸福、富足、快乐
股市又跌了	我的基金（股票）在历史估值的底部，一定会表现出它的价值
生活中都是烦恼，真没意思	"放下就是快乐"，完成这个人生修炼的课题，我的能量就会提升一个层次
这个梦想太不切实际了	有梦想是件了不起的事，经过我的努力一定会美梦成真

以上表格左侧是我们头脑中出现的消极念头，把它们转变成右侧的积极念头，我们的人生就会变得更积极更美好。

这样的例子，你一定也能举出很多。你可以找一段空闲的时间，不去做别的事，专门把自己头脑中的实时念头都记录下来，想到什么就写什么，看看你到底有多少限制性的负面想法，要体会它们，然后把它们转变成积极的想法。

每时每刻都要特别注意你发出的念：心念变了，你的磁场也变了，运气就变了；运气变了，命运也就变了。

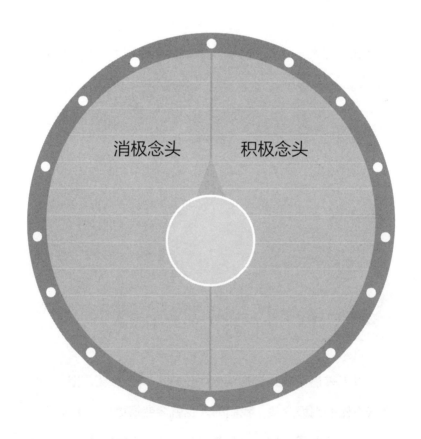

悦函财富能量笔记

　　能量是维持宇宙各星球、自然界万物生生不息及运动变化的基础。它是一种无形的力量。能量的本质是振动。能量的高低就是振动频率的高低。高能量振动可以吸引周围高频率振动的人和事物，低能量振动会吸引周围低频率振动的人和事物。

　　人是宇宙中的一种能量体，我们的心念，也就是意识活动，虽然看不见摸不着，但也属于振动频率较高的能量。意念磁场能够吸引和意念特征相一致的事情、环境和人群。也就是说：同频共振，你关注什么，就会吸引什么进入你的生活。这也可以理解为吸引力法则。

　　吸引力法则也是心理学中的"吸引定律"。就是将你想要拥有的事物，通过意识的力量带到你的身边。你的意识就像一块磁铁，周边与之相关的有磁性的东西，都会被吸附在一起。磁铁的磁场越强，吸附的东西就会越多，范围也会越广。

　　人的意识分为表面意识和潜意识，潜意识产生的意念磁场的强度远远高于表面意识。潜意识产生的意念磁场形成以后，除了运行在我们身体内，更多的是凝聚在我们体外，包围着我们，这就是我们说的气场。潜意识就像《阿拉丁与神灯》里的灯神，会帮助实现我们的愿望。

心念的能量可以改变世界，每时每刻都要特别注意你发出的念：心念变了，你的磁场也变了，运气就变了；运气变了，命运也就变了。

第二章

你的财富被什么卡住了？

为什么你终日忙碌还没有钱？

生活中，我们经常看到有些人非常辛苦，他们或经常加班、早出晚归，或忙着做兼职，或忙于攻读更高的学位以便升职。年复一年，他们忙忙碌碌，却依然觉得投入与产出不成正比，难以改善自己的生活条件。而有些人，年纪轻轻就实现了财务自由，他们每天的工作时间很短，因此有更多的时间可以自由支配，他们的生活也显得更富有弹性和质感。

一些人会问：我既勤奋又能吃苦，也不比其他人笨，为什么终日忙碌还是没有改善生活条件？难道社会竞争那么激烈吗？遇到这样的问题，你不妨先问问自己对财富有哪些消极想法。

"有钱人的钱都不是正路来的。"

"父母都是普通人，自己命中注定没有钱。"

"有这么多竞争者，高薪怎么会轮到我？"

以上想法都是你的财富卡点，这会在你的心田种下一些匮乏消极的种子，哪怕你日复一日、年复一年地耕耘劳作，由于种子贫乏，自然也收获不了富足。

有人看到这里会赶紧摆手，说："不，不，不，我跟钱没有仇。说实话，我就是嫉妒那些轻松赚到钱的人，也讨厌那些金钱会带来的麻烦而已。"这也是一种负面的情绪和低能量的想法。谁都不愿意和天天拒绝自己的人在一起，金钱也一样。对金钱的消极心态会让人们在潜意识里植入对金钱的抗拒心理，最终阻碍财富的到来。

我们在前言中说过：**财富能量，既指用心念吸引财富的能量，也包括财富可以转化的给生活带来喜悦感和安全感的能量。**

拥有足够多的财富，意味着我们可以住在舒适的房子里，购买喜爱的配饰和衣服，开钟爱的车，到世界各地去旅行，享受各地的美食，以及能够相对自由地支配自己的时间，等等。我们热爱财富，对我们来说，财富总是与富足、独立、自强联系在一起，也总让人产生自由、精致、美好的联想。

钱又被称为货币，本身是没有善恶之分的。在原始社会，人们采用以物易物的方式，通过交换得到自己所需要的物资，比如用一只羊换一把石斧。但是，有时候受到交换物资种类的限制，人们不得不寻找一种能够被交换双方都接受的物品，这种物品就是最原始的货币。拿我国来说，从早期的"贝"到"铜币"，到秦始皇统一天下后的"圆形方孔钱"，再到后来的"纸币"，货币在这个过程中一直发挥着等价交换的作用。金钱的附加意义是后来被人们赋予的——它是财富的象征，在一定程度上也从一个侧面体现出个人给社会提供了多少价值。

然而，对于财富，人们所持的态度不尽相同。有的人会说："我想过极简的生活，不需要很多钱，理财会很麻烦。""金钱是万恶之源，钱多了人就会变坏。""我是一个洁身自好的人，富人的钱都没有正经来路。"

这些都是我们经常听到的论调。持这种观点的人，在潜意识中把金钱和麻烦、罪恶联系了起来。他们公开批判金钱，看似没有兴趣获得财富。

打个比方，如果你抱怨自己的工作，和上司形成对立，看着那些一年只到公司开几次会却拿着大量股权和分红的公司股东不爽，甚至因为心理不平衡而诋毁他们，那就像是在说："我达不到公司对我的要求，我过不了那样的生活，我无法拥有像他们那样多的财富，我是无力的，我甚至和他们是对立的。"这样，你就不自觉地把自己摆到了财富的对立面。

第一章里我们讲过：我们的每个念头和想法都是有能量的，都会对你的生活产生作用。任何一个小小的念头，都可能改变你的整个世界。你的思想会创造出财富，也能导致匮乏和贫穷；你的思想能让你遭遇失败，也能让你获得成功。因此，我们不要忽视自己的每一个念头，要相信想法的力量是相当大的。

你觉得金钱可以给你的生活带来幸福和快乐，这种美好的感觉有可能促使你创造更多的财富；而你对金钱的批判和厌恶，往往会让金钱飞速地远离你。克服这种心态的方法就是常常暗示自己：我为他们能找到致富的方法而感到高兴，我也可以学习这些方法；通过我的努力尝试，我也会掌握实现财务自由的技巧，给自己和家人带来富足的生活。

如果没有从你的心里和潜意识里觉察并纠正错误想法，即使每天忙忙碌碌，也是不会有钱的。心是投影源，投影源错了，出来的图像，也就是转化的现实肯定是不对的。所以觉察就是第一步，意识到自己对金钱的负面态度，你就离成功更近一步了。

如果你对富有敏感,有"不配得感",就是被"封印"了

有的人在靠近富豪、看到豪车时,身体就会慢慢地紧缩,然后告诉自己,我们不是一类人,得远离他们。看到美好的物品,总是觉得太贵,舍不得给自己买。

一旦你离富有很近,就感觉极不舒服,没有安全感,这就是被穷"封印"了。一个人心念能量弱的时候,吸引的是各种弱的低频念头:你不配、你不行、你不值得拥有。

当你有上面的念头时,就吸引来了"封印"财富的低能量,你就只能过着极普通的人生。换句话说,你觉得你对财富有"不配得感"。什么是配得感?配得感也叫值得感,就是你发自内心地觉得自己值得拥有一切美好的事物,包括良好的人际关系、充足的财富、幸福的生活;值得感就是爱自己,真心觉得自己足够好。自信、充满正能量的人常常有很

强的值得感，而财富往往更青睐这样的人。

回到现实生活中，你有没有为了省钱而委屈自己的经历？当然，在个人奋斗的进程中，难免要经历物质贫乏、省吃俭用的阶段，这些是我们难以左右的。但是，过犹不及，不要让一味节省的想法固化你的思维，阻碍你的进一步发展。

让我们试想一下，如果你在条件允许的范围内，适当地调整一下消费方式和水准，生活又会是什么模样？你的脑海中是否会浮现出这样的画面：你每天穿着得体、充满自信，早晨上班前在公司楼下给自己买一份健康早餐，神清气爽的一天就开始了。你预感新的一天工作效率会特别高，好情绪会让你和同事及客户之间的关系更加融洽，有创意的点子也会不断涌现。在你和客户交流的过程中，客户被你的正能量带动，也许会选择你的提案或者服务，你又成交了。工作业绩提高，老板还给你升职加薪，一切都进入了良性循环。

因此，有时候看似省了钱，但是在节流的同时也影响了工作，进而影响到财富的流入；有时候看似多花了一些钱，然而对这些成本的合理支出却让工作进入了良好的状态，从而让财富大大地流入。

老一辈人总是教育我们要吃苦，还要节约，不要对物质过于奢望。当然，这与过去那代人当时所处的物资匮乏的环境有密切关联。但是时过境迁，这是个物质丰富的时代。如果一味地牺牲当下，实际上则舍弃了个人的幸福感。舍不得为自己投资，等于在潜意识中暗示自己："我不配拥有好的生活，我不配得到财富。"久而久之，这种思想变得根深蒂固，而有朝一日，等财富真的要到来时，内心很有可能是抗拒的，是接收不到的。

我们先来定义一下什么叫作"吃苦"。苦的根源在于你在做自己不愿意做的事。如果你热爱这份工作，很享受这份工作所带来的挑战，就会觉得工作是快乐的源泉。我们也要清楚：扩大舒适区不等同于吃苦，扩大舒适区实质上是挑战自我，改变自己的心理状态和行为模式，从而得到成长，这与吃苦是两回事。

如今，经济发展迅速，每个人都有很多种选择，有机会做自己想做的工作。如果你觉得自己的工作很辛苦，请改变你的态度，在工作中寻找乐趣，或者你也可以换一份喜欢的工作。我建议大家要舍得为自己投资，让自己感觉良好，提升内心的正能量，进入能获取更多财富的良性循环中。

因此我们要经常锻炼自己的觉知力，觉察自己的念头，可以用笔记录下来，比如：

● 逛商场看到质量好的鞋子和衣服，我会觉得穿上它们能提高能量和生活质量，还是觉得自己不配穿那么好的衣物？

- 当我看到朋友升职加薪、买了新车时，我是恭喜他们、祝贺他们，还是觉得自卑，这样的好事轮不到自己？

- 当我看到市中心豪宅区时，是觉得这不是自己该来的地方，还是会觉得非常美好，我通过努力也可以住在里面享受生活？

- 对于有钱人，我是嫉妒他们，还是向他们学习？

时刻觉察自己的念头，端正自己的念头，提升自己的能量，就可去除"封印"。当"封印"解除后，你就会积极主动，敢想敢要，勇于前进，成为富足的自己。

你相信吗？钱可以越花越多

很多人不舍得为自己花钱，是因为他们觉得钱越花越少，花钱时会有匮乏的感觉；他们更想把钱存起来，这样似乎更加有安全感。这是一个限制性的想法，也是一个财富卡点。实际上钱是可以越花越多的。下面我就来讲一个单身女白领琪琪（化名）的故事。

琪琪是一名前台工作人员，她身材高挑，皮肤白皙，喜欢笑，很有亲和力，是个讨人喜欢的姑娘。她出生在一个重男轻女的家庭，有一个哥哥，她的父母向来惯着哥哥，事事以哥哥为先。她自己省吃俭用，平时的工资也补贴家里很多。

哥哥要结婚了，父母想让琪琪快点结婚搬出去住，把她的房间腾出来给哥哥。父母知道她平时舍不得花钱，存钱多，甚至还让她拿出自己的积蓄来赞助哥哥的婚礼。琪琪平时喜欢宅在家里，养着一只猫。父母对这只猫非常嫌弃，每天借着猫说事，催着琪琪搬走。但是琪琪还是单身，连男朋友都没有，又何谈结婚成家。

我真为这位年轻的姑娘鸣不平。我开导琪琪说："既然不能改变原生家庭，就只能改变自己。你也有积蓄，你拿这些钱先搬出去租房住，这样心情会好一些。"

开始琪琪没有自信，她节省惯了，租房要付的房租对她来说也不是一笔小费用。我告诉她舍不得花钱是一种低能量的限制性想法，并教她在一张红色的纸上用签字笔写上肯定语：

● 我不是我的父母，他们有自己年代的财务模式。我是独特的自己，我值得拥有生命的富足、美好的生活和财富。

● 离开旧的环境，我的生活会发生越来越好的改变，我接受改变并会更加快乐。

● 财富是一种能量，花出去的钱会以一种更好的能量形式回报我。我允许自己被爱、喜悦、幸运。

写了以后我让她读了三遍，每读一遍她都更自信。第三遍读完，她沮丧的脸上由阴转晴，慢慢泛起了光彩，明显能看出她的能量从弱转强。她的财富卡点也在慢慢打开。

另外，我还给她提了几条建议：

- 不依赖原生家庭,掌握自己的人生,多参加一些同龄人的聚会。

- 扩大自己的交际范围,通过学习提升自己。

- 了解自己擅长和喜欢做的事,制订适合自己的实现财务自由的规划。

琪琪接受了我的建议,在公司附近租了一套公寓。她几乎每个周末都去参加适合年轻人的活动(有读书会、品酒会,也有户外的郊游),认识了不少优秀的年轻人。她的心情变好了,每天神采奕奕的,工作效率也提高了不少。就这样过了一年,突然有一天琪琪来找我说:"谢谢您对我的帮助,现在我找到了自己喜欢的人和热爱的事业,我打算辞职了。"

琪琪说了这一年里在她身上发生的变化。心情好了,她就愿意走出去参加聚会,多交朋友。一开始她是为了尽快结婚,找到归属,但是随着她认识的年轻人越来越多,他们谈的话题也越来越广泛,琪琪通过他们了解了不同的行业,了解了单身族的喜好,以及他们每天常做的事。在一次聚会中,她认识了一个和她一样喜欢猫的男青年小章,他们从猫的品种、习性一直聊到猫粮、猫玩具,越聊越投机。琪琪从小章那里了解到,现在社会上的单身青年越来越多,他们热衷于寻找感情的寄托,所以养宠物的人也越来越多,在宠物方面的消费日渐上升，宠物行业是目前正在崛起的"单身经济"的一个细分行业。他们判断，随着单身人士越来越多，宠物行业未来会有很大的发展。小章经营一家宠物店已经五年了，经济效益非常好。琪琪也帮小章做过不少工作，她录制了有趣的宠物小视频给宠物店做宣传。由于琪琪能说会道，她还在直播平台进行有关宠物知识的直播，粉丝还不少呢！通过这些营销手段，小章店里的商品销量翻了一倍。为了表示感谢，小章给了琪琪一笔分红，超过琪琪整整两年的工资。

现在宠物店的生意越来越好，两人也因为共同的爱好和事业越走越近。小章开了连锁店并邀请琪琪加盟，他们还幸福地结婚了。琪琪和小章一起投入了新事业，奔向了幸福新生活。

琪琪一开始"卡"在舍不得花钱，省吃俭用，一味削减支出，再加上受到原生家庭的影响，她生活得不开心、不自由。后来，琪琪拿出积蓄，租了一套公寓，不再受原生家庭的影响，相信自己是可以有快乐、富足的生活的，迈出了走向成功的第一步。通过扩大社交面，她认识了宠物店老板小章，发现了正在崛起的"单身经济"（这也是我在《高财商：轻松实现财务自由的思考力和行动力》里面说的行业风口）

中的机会。

琪琪积极投入积蓄来投资和提升自己，最终取得了成功。钱是一种流动的能量，把钱投入一定的领域，付出了成本和精力，过一段时间就可能收获更多的财富。而我们改善自己的居住环境、买书，或者购买一些培训课程来进行自我投资，也是为了在工作中得到更多的回报。这样看来，钱是不是可以越花越多呢？

财富是一种能量，是可以给生活带来喜悦感和安全感的能量。既然能量是流动的，而且是可以相互转化的，那么这种喜悦的能量也可以通过某种特定的方式再转化为财富。除了像琪琪一样为自己投资，我们可能还有帮助别人、回馈社会的愿望，我们会去做一些力所能及的事，小到捐赠衣物，大到资助教育。

你可以发现，一些富人和企业家在花钱方面是没有财富卡点的，他们会捐献大量的财富给有需要的病人做治疗，为贫困山区修路，建立孤儿院、希望小学。他们的财富捐出去了，他们的善举在社会上为企业树立了良好的形象，得到了社会的好评，企业越做越大，财富也就越变越多。

测测你的能量层级

前面的小节里说的一些财富卡点，都是由我们心念里的一些负面意识造成的。有人会说，有的时候我会积极工作，干劲十足，凡事往好处想；但有的时候，就会心情不好，胡思乱想，悲观消极，一些奇奇怪怪的念头就会跑出来，就像：

"同事今天没跟我打招呼，是不是哪里怠慢他了？"

"这个项目迟迟都定不下来，难道是我的工作能力有问题？"

"医生建议我去大医院做检查，我该不会要'死'了吧？"

爱胡思乱想的人，别人一句话就能让他琢磨一天。一件小事情在大脑中翻来覆去。胡思乱想是一种高内耗行为，它会非常消耗你的精力。这种状态就像一天结束时你疲惫地躺在床上，千头万绪也跟着涌上心头直到整个人被失眠吞没。进入这个状态是因为能量低了，每个人都会有能量低的时候。这时候他们总喜欢把事情复杂化，外界的一切细微变化都能惊动他们的每一根神经，并且伴随着愤怒、焦虑、失望、悲伤、羞愧等情绪。

霍金斯能量层级理论

美国著名的心理学教授大卫·霍金斯花了30多年时间研究，发现了存在于我们这个世界的隐藏的秘密图表：一个有关人类所有意识的能量水平的表格。到达高能量级别的人，对其他人会有显著的影响，他们对他人和社会持久性的关注会带来更大范围的爱和吸引的能量。

这种高能量的人用通俗的话来说就是人见人爱，花见花开，身边充满了奇迹。我们来简单介绍一下这个能量层级图，能量分值从高到低依次是开悟（700~1000分）、平和（600分）、喜悦（540分）、爱（500分）、明智（400分）、宽容（350分）、主动（310分）、淡定（250分）、勇气（200分），到这里为止都属于正能量。

再往下就是负能量：骄傲、愤怒、欲望、恐惧、悲伤、冷淡、内疚，最低的分值是羞愧（20分）。

- 700~1000分　开悟　　　人类意识进化的顶峰，合一、无我
- 600分　平和　　　感官关闭，头脑长久沉默，"通灵"状态
- 540分　喜悦　　　慈悲，巨大耐性，持久的乐观，奇迹
- 500分　爱　　　聚焦生活的美好，真正的幸福
- 400分　明智　　　科学医学概念系统的创造者
- 350分　宽容　　　对判断对错不感兴趣，自控
- 310分　主动　　　真诚，友善，敞开，成长
- 250分　淡定　　　灵活和有安全感
- 200分　勇气　　　有能力把握机会
- 175分　骄傲　　　自我膨胀，抵制成长
- 150分　愤怒　　　导致憎恨，侵蚀心灵
- 125分　欲望　　　上瘾，贪婪
- 100分　恐惧　　　压抑，妨害个性成长
- 75分　悲伤　　　失落，依赖，悲痛
- 50分　冷淡　　　世界看起来没有希望
- 30分　内疚　　　懊悔，自责，受虐狂
- 20分　羞愧　　　几近死亡，严重摧残身心健康

能量层级

霍金斯能量层级理论

对照这个能量层级图，你可以清楚地觉察你的情绪，并且了解你的念头都在多少分位值，比如：

"生活中的一切都是那么美好"——喜悦（540分）

"没人可以伤害、负面影响我，我是自己生命的主宰"——宽容（350分）

"我会积极把握每一个和客户沟通的机会"——主动（310分）

"都怪他，拖累了整个团队"——愤怒（150分）

"真怕这个项目做砸了"——恐惧（100分）

在高能量的人看来，这个世界充满闪亮的美丽和完美的创造。一切神奇的事物都毫不费力地同时发生在他们身上。在他们看来，一切成就都是稀松平常的作为，却会被平常人当作奇迹来看待。而能量低的人会悲观失望，事业一无所成，生活一团糟，严重的还会影响身心健康。

既然是这样，我相信每一个人都会选择成为一个高能量的人。霍金斯博士指出经常接触高能量级别的东西，包括具有更高能量级别的人、书籍、大自然、音乐、绘画、体育运动、瑜伽冥想、温和的猫以及可爱的狗等，可以经常让自己处于祥和、喜悦、充满爱的心境之中，自然就会提升平均能量级。

本书就是要通过提升心念的能量来吸引财富。关于提升能量的具体步骤和方法，我们还会在接下来的章节里展开讲。但是只要可以觉察到你的念头，觉察到你的情绪和能量，恭喜你，你已经迈出了成功的第一步。

提升财富能量，消除财富卡点，让财富源源不断地涌向你

在了解了霍金斯能量层级后，我们知道了什么是高能量的念头和行为，什么是低能量的念头和行为。这节我们就带领你清理财富卡点，让财富源源不断地涌向你。

本书中说的财富能量，是用心念的能量来吸引财富。要知道，吸引不来财富是因为我们心的能量低，有很多财富卡点。人们的行为都是由自己的念头支配的，这些思维模式是人们受生活环境的影响日积月累形成的，它们藏在我们的潜意识里，藏得很深。有些错误的认识，如果我们不刻意去寻找，是很难被察觉的。为了保证行动有正确的观念做指导，我们第一步要纠正几种常见的限制性的、负面的念头和错误的财富观，也就是所谓的财富卡点。

卡点 1：必须吃苦才能完成财富的积累

做自己不喜欢做的事就会感觉生活很苦，有人觉得要想获得财富必须做自己不愿意做的事，要吃苦。实际上很多人享受自己的工作，完全沉浸在自己的工作中，在获得幸福感的同时又可以获得财富，并且觉得这是个很轻松的过程。所以说吃苦和获得财富之间并没有必然联系。

我们的生活是丰盛的，有很多选择，可以去做自己喜欢的领域的工作，做能让自己享受的工作，让工作成为快乐的源泉。同时，要充满值得感，从内心认定自己配得上且能够得到美好的生活，自己是值得拥有财富的。

卡点 2：盲目超时工作，认为只要不停努力就能获得财务自由

获得财务自由最重要的是你对财富持正确的态度，处于适合的经济周期，抓住风口、选对雪道，并且能够长期持有雪球。如果你的超时工作和努力都用在研究上述几个关键问题上，那么你就找准了方向。

但是如果方向错了，那就是白费力气，做得越多，错得越多。如果你选择的行业是向下走的，那么不管怎么辛苦都无法达到自己的期望值；如果选择的行业呈上升态势，那么

不用费多大力气就能获得财务自由。

我们要实现目标，就必须懂得紧跟经济周期上升的大势，在高速发展的行业的风口滚雪球，利用雪球自身的动能越滚越大，这是相对轻松的过程。如果你觉得费力，那就要审视自己是否在逆势而为。请把努力放回到对上述几个关键因素的深度思考上，不要让盲目的劳碌阻碍了你对机会的捕获和对财富的积累。

卡点 3：为了积累财富我舍不得花钱，把大部分收入都存起来

正如在前面的小节里讲的那样，钱是可以越花越多的。钱是一种流动的能量，把钱投入一定的领域，付出了成本，过一段时间就有可能收获更多的财富。同样，要想实现财务自由，我们首先应该考虑的是增加被动收入，而不是削减生活必要支出。

实际上，要想实现财务自由可以从两个方面入手：开源或者节流。我更偏向于前者，因为如果为了实现财务自由而一味地缩减支出，那怎么能实现深层次的"自由"呢？况且只限于保本、不积极创收，也是很难实现财务自由的目标的。因此，我们要从开源的角度着手，更快速、有效地实现真正的财务自由。

卡点 4：既然高能量可以获得财富，那就什么都不用做

当你已经处于一个经济上升周期，在一个合适的风口，也在一个正确的雪道上把雪球滚了起来，而雪球可以靠自身的动能维持滚动时，你确实可以放松下来，等着雪球滚大。但是没有最初的一片片雪花的凝结，是没有办法形成雪球的，雪花不可能自己滚成雪球并跑到合适的雪道上。在雪球自动滚起来之前，你必须自主判断经济周期、找风口、找雪道，并且动手把雪花捏起来。

更何况，什么都不做的生活状态真的是你的理想状态吗？高能量是源于心念上的相信，是指相信国运，顺应时代的大趋势，在自己擅长和喜欢的领域寻找机会，对工作充满热爱，全身心投入。这样才能使你的生活在精神层面和物质层面都更加富足。

在消除了财富卡点后，我们第二步就要树立正念：

● 金钱可以给我们带来美好快乐的富足生活，可以让我们更好地去做我们想做的事，得到更多的自由。我们要正视金钱，用正当合法的方式去获得财富，并且合理管理它。我们要把富有的人当作榜样，学习怎样拥有更多的金钱，我们的财富会源源不断地增长，我们会把这些钱花在有意义的事上，包括帮助他人。我们对即将到来的财富表示感恩。

● 值得感就是我们发自内心觉得自己值得拥有一切美好的事物，包括良好的人际关系、充足的财富、幸福的生活。值得感就是爱自己，真心觉得自己足够好，当你这么想的时候财富才会找上你。

● 不要认为在吃了很多苦以后才值得拥有财富，不要用忙忙碌碌来代替思考力，用战术上的勤奋来掩盖战略上的懒惰。

● 金钱是一种流动的能量，钱花出去得越多，收获得也越多。能付出，说明我们是富足的、有能力的。我们将利用金钱去帮助其他需要帮助的人，为他人、为社会创造价值。做公益的时候会让我们感觉很好，内心平和，充满喜悦。这样我们的能量将得到提升，我付出等于我得到，我给出去的将加倍回来。

你也可以用喜欢的方式，把自己的财富正念或者高能量的话写下来，每天早起或者睡前大声朗读，把它们植入你的潜意识，这样，相信用不了多久，财富就会源源不断地涌向你。

悦函财富能量笔记

财富能量，既指用心念吸引财富的能量，也包括财富可以转化成给生活带来喜悦感和安全感的能量。

你觉得金钱可以给你的生活带来幸福和快乐，这种美好的感觉有可能促使你创造更多的财富；而你对金钱的批判和厌恶，往往会让金钱飞速地远离你。负面的念头会吸引匮乏，带着这种念头，即使你每天忙忙碌碌，吃尽苦头也无法创造财富。要觉察你的念头并纠正它。

配得感也叫值得感，就是你发自内心地觉得自己值得拥有一切美好的事物，包括良好的人际关系、充足的财富、幸福的生活；值得感就是爱自己，真心觉得自己足够好。自信、充满正能量的人常常有很强的值得感，而财富往往更青睐这样的人。

随着经济的发展，社会物质已经很丰盛，一味地节省和委屈自己，觉得自己"不配得"，是一种匮乏的思想。合理支出的财富会转化成高能量，让工作效率和生活状态大大提升，从而形成良性循环。

　　财富是一种能量，是可以给生活带来喜悦感和安全感的能量。既然能量是流动的，而且是可以相互转化的，那么这种喜悦的能量也可以通过某种特定的方式再转化为财富。所以花出去的钱还可以回馈到我们身上，钱可以越花越多。我们可以用钱来投资自己，也可以去帮助别人、回馈社会，去做一些力所能及的事，小到捐赠衣物，大到资助教育。

　　根据霍金斯能量层级表，我们的每一个行为的能量都是有分值的。分值从高到低依次是开悟（700~1000分）、平和（600分）、喜悦（540分）、爱（500分）、明智（400分）、宽容（350分）、主动（310分）、淡定（250分）、勇气（200分），到这里为止都属于正能量。再往下就是负能量：骄傲、愤怒、欲望、恐惧、悲伤、冷淡、内疚，最低的分值是羞愧（20分）。提升能量才能吸引更多的财富。

　　时刻觉察自己的念头，"吃苦就可以获得财富""舍不得花钱投入""什么都不用做"等都是财富卡点，端正自己的念头就是清理财富卡点的过程。关注你的行为的能量高低，提升自己的能量，就可去除"封印"。当"封印"解除后，你就会积极主动，敢想敢要，勇于前进，成为富足的自己。

第三章

唤醒你的财富能量，
奇迹就会发生

"00后"毕业生使用肯定语吸引了梦想的工作

有一些大学毕业生面对失业率高的大环境，总会抱怨：别说找最适合自己的工作了，只要能找到工作，我就心满意足了。有一些毕业生去面试一两次没成功，就灰心了，甚至"摆烂"，在家不出门，"啃老"，让父母头疼不已。

小紫（化名）是我的一位读者，也是一个"00后"。她参加了2020年的一次读书分享会，那时她还在北京一所"211"高校读金融学专业。当时我分享了关于未来的趋势和风口的内容，表明未来有很多职业将被人工智能替代。

比如一些重复性的劳动，一些有固定台词和对白的工作，不需要与人进行面对面交流的工作。

同时也有一些工作是人工智能在短期内难以替代的，比如和很多人打交道的工作（如心理咨询），审美创造性工作

（如艺术创作、文艺创作），给人提供情绪价值的工作（如主播、自媒体）。这就需要我们在未来具备社交能力、协商能力、创造能力、审美能力。虽然机器人可以给人类的生活带来很多便利，但是人们还是愿意和有温度的活生生的人打交道，目前来说，机器是很难和人类做到深层次的心与心之间的交流的。

在人工智能大量取代人类工作岗位的未来，如果我们提前有所预判，就可以为未来创造机会。在人工智能越来越普及的未来，我们可以在自己擅长的领域避开人工智能所能胜任的工作，选择人工智能做不到的工作。

小紫非常赞同我提到的关于人工智能将会取代很多工作岗位的趋势，她按照书中的内容为自己的未来就业提前做准备。除了本专业金融学，她也开始修一些关于营销和心理学的课程，以提高自己在未来就业市场的竞争力。

小紫2022年毕业，就业市场果然不乐观。她向一些大的投行、银行、外企、央企都投送了简历，有的石沉大海，有的就算有面试机会，也没有拿到offer（录用通知书）。在这种大环境下，她的同学们都开始灰心丧气，有的打算考研，有的决定出国深造，都放弃找工作了。

小紫也受到了打击，开始怀疑自己的能力。她私信我，说自己并不具备职业素养，也许是学历不够，也许是能力不够。我和她说：你并不是能力不够，而是心力出了问题。也就是心的能量降低了。我让她使用肯定语。

小紫非常聪明，她马上开始记录，但凡有负面念头的时候就把它们写下来，并且进行"转念"，使用正面的肯定语。

比如：

我没有收到面试通知，难过。

肯定语：有更好的工作在等着我，我应该感到高兴。

面试官对我很冷漠。

肯定语：我感觉自己很好，我充满自信。

这是我第 10 次面试无果了。

肯定语：这是我的练习机会，我离成功越来越近。

这个公司应聘的人都排长队了，我应该没戏了。

肯定语：我很重要，我总是比其他人更容易被选中。

过了不久，我收到小紫的好消息，在经历了很多次面试后，她被一家知名银行录用了。这家银行不但工作环境好，离她家也很近。她的意向是应聘柜员，但是银行 HR（人力资源）看到她有修一些营销和心理学的课程，并且在面试中积极乐观、沟通顺畅，觉得她更适合与人打交道，于是就给了她客户经理的职位，工资也要比柜员的职位高出很多。

真为小紫感到高兴，一个能量高的人，是不会被大环境影响的，心的能量高了，甚至可以转变大环境。大环境导致大家都心灰意冷，如果你的能量高，就会脱颖而出。小紫及时察觉并纠正了自己的负面心念，使用肯定语唤醒了自己内心的积极能量，在面试中散发出积极的能量和自信的魅力。

能量提高了也使她脱颖而出，找到了知名银行的客户经理的工作，甚至比她预期的还要好，年薪更是达到了 40 万元，这简直就是梦想中的工作。虽然有绩效的压力，但是这也是她前进的动力。希望她能继续使用肯定语，提升心的能量，在工作中步步走高，走得更远。

和贵人同频共振，运气越来越好

我们日常的好运气，很多来自贵人的帮助。贵人的一句话，让你觉醒和不再迷惘；贵人的一个帮助，让你干成了一个项目；贵人的一个指点，让你的事业突飞猛进。什么是真正的贵人，就是带着你进步、给你的人生指路的人，带着你赚钱的人，帮你点明思想误区并希望你越来越好的人。

有些读者也把我当成他们人生中的贵人，认为我不光在投资理财方面，还在思想方面使他们觉醒。为什么贵人愿意帮你？从能量的层面来说，你要在某方面先和贵人同频共振。

生活中有一些人，别人送他点昂贵的东西，会觉得特别不好意思；遇到大人物，心生胆怯，不敢交流，害怕价值观不同，聊不到一块，被人瞧不起；遇到喜欢的人，如果对方比自己有钱，会在意对方怎么看自己，不敢和他交往，怕别人说配不上，或者另有所图。这就是没有**配得感、值得感**。这样的人的能量是很低的，能量的振动频率低，就只能吸引同样低振频的人和事，幸运的事、好事都轮不到他。

那么如何提升个人的能量级别，在生活中吸引更多的贵人呢？

首先，放弃低能量的人和物，多和高能量的人和物在一起。

远离爱抱怨爱计较的人、消极悲观的人，不要去听去看悲伤的流行歌曲、一些负面的愤世嫉俗的文章、一些低俗的短视频。

要和高能量的人和物在一起，这包括接触成功的人，乐观的能鼓励你的人，热情开朗善于赞美你的人；接触伟人、名人、觉醒者留下的经典论著等高能量级别的书籍、音乐、电影、视频、艺术品等。

与高能量的人相处，你会充满活力，看待生活的方式也会变得积极乐观，人生自然越来越顺。

其次，提高自己的能量，同频共振，贵人自来。

如果你在遇到困难时，身边总有贵人帮你渡过难关，那么恭喜，你是自带"贵人运"的。如果没有这样的"福报"，那就先自己来修，因为当自己的能量层级不够高的时候，哪怕是贵人站在你面前，你也抓不住贵人的手。

也就是说要提高自己的能量层级，自己就是"贵人"。如果你积极乐观、善良好心、乐于助人、懂得感恩、知恩图报，你的能量是非常高的。高频振动必然吸引和你同频共振的人和事，要知道以上这些特质正是成功人士，也就是贵人所具备的特质。

如果你把自己活成了高能量的小太阳，温暖了周围的人，让别人和你在一起如沐春风，那你的贵人运就会源源不断地向你奔来。

最后，想和贵人同频共振，就要鉴别你身边人的财富能量的真假。

记得以前做项目投资时，总有创业者说，他们遇到过"假大款"，他们拿着自己的创业项目展示并吃喝宴请所谓的"投资方"，业务招待费花了不少，结果发现对方根本没钱。说难听点就是来蹭吃蹭玩的。

要判断一个人的财富能量，不要听他说多有钱，一身名牌也许是他对自己的包装，他开的豪车也许是短期租借的，他说的名校学历也许是伪造的。我也遇到过说自己是北京大学、北京电影学院毕业的人，实际上就是进修几天拿了个学习证而已。

你可以通过和他的对话判断他的经济知识、他的认知，从而来判断他的财富能量。

　　其实在我看来，人生最好的贵人就是努力向上的自己。过度地把注意力放在"贵人"身上，就是把自己的力量给了他人。**说好话，存好心，做好事，这样的人的能量是很高的。**一个积极、勤奋、谦虚、善良、乐观、真诚、懂得感恩的人，生活是不会辜负他的。愿我们都能在各自坚持的道路上，遇见更好的自己。

写感恩日记，机构老板扭亏为盈

小雪是一家舞蹈机构的老板，新冠病毒流行的时候，很多学员无法正常上课。由于舞蹈机构开在北京的核心地段，租金支出很高，再加上运营成本、老师的工资，机构慢慢开始入不敷出，甚至要为下一季度的租金发愁。

她的失落、焦虑、紧张等负能量慢慢也影响到了学员，存量学员也开始停止续卡了。真是雪上加霜，进入了负面的循环。我是芭蕾舞爱好者，去上课时发现学员越来越少，而老板愁眉苦脸，一直在喊亏损。我们关系不错，小雪向我说了情况，并且求教扭亏为盈的方法。我发现她的能量很低，而这种能量肯定是不能吸引财富的，反而还会让对能量敏感的学员感到不舒服。

于是我建议她：写感恩日记！先调整心态，调整当下的能量。

感恩的内容可以是生命，身体，健康，工作，事业，金钱，人际关系，自己的一点点的进步，遇到的一件幸运的事，看到一朵漂亮的花，天空下的一场雨，一道美好的彩虹。

小雪接受了我的建议，开始写下她的第一篇感恩日记：

今天上班在离入口处最近的地方找到一个停车位，太方便了，感恩；

感谢学员上课给大家带来的糕点；

有阳光的教室太美了；

上课人数正在慢慢增加，是个好现象；

老师教得真认真，学员都很满意；

……

小雪写下这些高能量的话语时，顿时觉得自己的关注点不再是负面的了。她喜欢上了这种感恩的生活方式。生活中美好的事物有那么多，她决定过一天就要快乐一天。

心念转了，能量就提高了，小雪变得积极起来，每天都神采奕奕的。线下课暂停的时候，她让芭蕾舞老师们在线上开课，定期做直播，还把直播内容编辑成课程包来出售，也获得了一笔不少的收入。随着新冠疫情慢慢地退去，线上发展的一批学员都报了线下课，学员比原先还多了一倍。

运营了一段时间，机构很快扭亏为盈，由于学员的增加，小雪还对机构进行了扩张，又开辟了一处教室，机构变成了之前的两倍大。这个结果是她之前都没有想到的。这可以在她的感恩日记本里满满地写上一页了吧，当然也包括感恩我这个给她出主意的黄老师。

老板是一个机构的主心骨，老板的能量高了，学员上课也感觉很舒服，机构也会越来越旺，财源广进。相反，能量低的地方，没有多少人可以驻足很久，就会慢慢衰败。

也许你不是一个创业者、一个老板，但是如果你经常感觉自己对生活不满，或者经常和别人作比较，觉得自己过得不开心、过得不好，那你很适合记录感恩日记。我们对过去的感觉取决于我们的记忆。感恩能够增加我们对生活的满意度，因为它将过去好的记忆放大了。经常进行感恩日记的练习，有利于我们重塑一个积极乐观的大脑，从而提升自己的能量。

自己变得快乐、喜悦，可以提升内心的能量，让你在工作上获取更多的灵感和帮助，这也许会让你的财富增加得更快。

内观自我情绪，老股民赚到第一个 100 万元

在投资活动中，贪婪和恐惧是人性的两大弱点。在市场看涨的时候，贪婪使人们忘记风险；在市场下跌的时候，恐惧使人们迷失方向。很多资深投资者虽然有丰富的理论知识和实践经验，但因为无法超越人性中的贪婪和恐惧而满盘皆输，确切地说他们是败给了自己。

我曾经讲过 1720 年牛顿买南海公司股票的故事。

牛顿也没能抵住人性的贪婪和恐惧——他在已经获利时没有落袋为安，贪婪的心理让他不顾后果、持续投入；而在市场反复攀升达到或接近最高点时，他怕自己误了"末班车"而不顾市场的过度狂热继续买入，做出了并不理智的投资决策，导致他亏损了 10 年的工资。这位智商爆棚、发现了万有引力的伟大科学家在投资失败后，只能感慨道："我

能推算出天体运行的轨迹，却难以预料到人们的疯狂。"

在现实生活中，这样的例子比比皆是。在投资活动中，人性的贪婪一般表现为：期望一夜暴富，过度交易；赚蝇头小利而赔大钱；赚钱时急于获利了结，赔钱时忽略市场的下跌趋势，一厢情愿地希望价格回升，最终导致越输越多。

人性的恐惧具体表现为在市场反复攀升达到或接近最高点时，怕自己误了"末班车"而疯狂买入；在市场长期下跌，周围一片悲观，即便市场已经在底部区域、估值合理时，还是觉得害怕而绝望斩仓。

从霍金斯能量层级图中可以看出，贪婪和恐惧的能量值是非常低的。这样的能量只能吸引更多的匮乏，根本无法吸引财富。

老王（化名）是一位老股民了，之前炒股总是亏损，他以为是自己的技术不够，就买了很多炒股的书来看。他总把自己亏损的原因归为不够努力，甚至辞职在家，专心研究技术来炒股。结果事与愿违，他不但没有赚钱还亏损了。妻子看到他把家中的积蓄都拿来炒股还亏损了，非常生气，说他什么都不懂还炒股，就是一把被收割的"韭菜"。他们经常吵架，甚至要离婚。

2021 年他来参加我的读书分享会，对我书中"为什么你买股票总是赔钱"的章节非常感兴趣。他总结了自己炒股亏损的原因：不懂经济周期；对行业研究不够透彻；信息不对称，自己买的股票总是爆雷。他自以为找到了问题的关键点，信心十足，并打算重新出发，不买股票了，去"追"一只正在上涨的基金。

我当时觉察了一下他的能量，感觉非常不稳定，这样的人是很容易被市场操纵的。我让他在"追"基金前先静下来，问问自己的内心：

我了解这只基金吗？是否能和这只基金同频共振？

我是否自信地觉得这只基金可以涨？

如果买这只基金，我心里是笃定平和的，还是紧张、焦虑的？

我让他不要着急，晚上在夜深人静的时候和自己对话，听听自己心里的真实想法。第二天，老王和我说：他内观自己的情绪，想得最多的就是赶快买一只基金回本，但是担心如果跌了，又要被妻子骂。

我说："现在你的内心就只有贪婪和恐惧，这样的能量是很低的。在这种情况下，你做的都不是投资，而是赌博。能量和以前一样，吸引的结果肯定也一样，是不会赢利的。投资最重要的就是等待，而且 90% 的时间都在等待那个低点的出现。只有那时候才是买入的最好契机；而那时，你的内心也是平和的、确定的，那时的财富能量才是最高的，可以确保你投资成功。"

后来很久没和老王联系，我也不知道他最后有没有去追那只上涨的基金。一直到了 2023 年的春节前，老王给我打电话，恭贺新禧并且送来了一箱感谢的年货。他说自己买的基金赚钱了。原来在 2022 年 11 月，A 股已经跌出了黄金坑，很多板块的估值都到了历史的低位。这时，老王按照我书中的方法购买了某基金，3 个月就涨了 30%，他也赚取了自己在股市中的第一个 100 万元。

老王说："黄老师，我感谢你让我内观自我情绪。我调整自己，一直等了两年都没有做投资。在 2022 年 11 月投资这只基金时，因为知道它的估值，知道用很低的价格购买了物超所值的投资品，我内心是非常笃定的。虽然它一度还跌了，但我没有任何的恐惧，因为我确定它在低位。它涨到了我的期望值，我就卖掉了，也不会贪婪地等待它再涨。整个过程我不担心，非常平和、愉快。"

我为老王感到高兴。要知道贪婪和恐惧是我们与生俱来的人性的弱点，几千年来人性的贪婪和恐惧在人类的血液里流淌，很难避免。大部分投资者永远也战胜不了人性的弱点，败给自己的内心，沦为输家。而要想成为赢家则必须克服自身的弱点，在市场中保持理性和清醒。

大多数投资者的行为是情绪化的、非理性的，能量是躁动和不安的。而这些人的狂热行为，甚至可以作为我们判断市场发展趋势的一个反向依据。正如巴菲特时常说的那样："别人贪婪我恐惧，别人恐惧我贪婪。"

时刻内观你的情绪，觉察你的人性的弱点，觉察你的财富能量。只有能量高了才能吸引投资的成功。投资场上的赢家永远是少数人，是那些在低处以平和心态布局，在市场被躁动、不安、贪婪这些能量充斥的时候离场的人。

普通保险销售员，从被朋友"拉黑"到成为销售冠军

保险属于金融行业，销售属性较强，从业人员的收入主要依靠业绩销量。有的保险销售会看谁都需要保险，看谁都是客户，看谁都想教育一下，看谁都想劝他买保险。这种过度销售导致他们的口碑并不太好。近几年因为从业人员的学历和素质大大提高，这种情况有了一定的改善，但依旧会有人对保险销售员避而远之，害怕被推销了。有些保险从业人员甚至会被朋友反感以致被拉黑，有人还会说："卖保险，没朋友。"

我曾经在一些知名保险机构讲课，为保险从业人员培训金融投资知识。我在这些机构见到一些销售冠军，有时候聊几句就能充分感受到他们积极、乐观、真诚、乐于助人的高能量。他们被这些高能量笼罩，在身边形成一道光环，并不是人们避而远之的"卖保险的"，而是愿意主动接近的、受

欢迎的人。

我在这里总结了一些他们高能量的话，也是他们能成为销售冠军的秘密，与大家分享：

销售就是促进交换的发生。不要让客户觉得你是在给他推销产品，一定要让他觉得你是在给他解决问题。他关心什么问题，你就给他解决什么问题，跟做数学题一样，一个环节一个环节地解决掉。前提是要弄明白，哪些是他真正关心的问题，我们是来提供方案的。——刘老师（某保险机构的合伙人）

能量层面：一味地推销、索取体现出来的是匮乏的能量，这种匮乏让他人避之不及。如果从客户的角度考虑，为客户解决问题，说明你是富足的，你拥有并且给予，你是被需要的。这种财富能量必然会吸引更多的财富，在你付出的同时必然会有收获。

全力以赴，百折不挠的毅力，发自内心的热爱。热爱才能热卖。而这种热爱客户一定能感受到。——Vivian（销售冠军，曾经的全职妈妈）

能量层面：按照霍金斯能量层级图，热爱的能量层级在500分，像爱孩子一样爱你的事业，聚焦生活中的美好，一定会感染到客户。

我有很多爱好，喜欢打高尔夫，喜欢看佛学的书，喜欢户外运动。这些都让我和客户有很多共同语言。有时候打一场球，聊得很开心，就接到了上千万的保单。——David（销售冠军，曾经的外企高管）

能量层面：有很多高端的爱好，更加能和高净值人群同频共振。共同的能量振动频率会让话题超出共同爱好的范围，从而有助于成交大单。

我的金融投资理财知识非常丰富，即使客户暂时不需要购买保险，我也会为他们其他的投资，比如基金、股票、债券、黄金等提供免费的咨询服务。我很乐意帮助他人，往往也会得到客户保单的回馈。——秋雨（大学毕业，从普通销售做起，5年成为销售冠军）

能量层面：助人为乐是帮助了他人，得到了他人的感谢和祝福，自己也因此得到快乐，这种喜悦可以提升你内心的能量，让你在工作上获取更多的灵感和帮助。同时，你的善举为你树立了良好的形象，得到了客户的好能量，从而得到信任和回馈。你帮助别人也会吸引别人来帮助你，财富也就越变越多。

我喜欢穿高质量的品牌服装，买了豪车并且加入了豪车俱乐部。自信大方，才是让人有良好印象的第一步，才有接下去交谈的可能。——老杜（年薪百万的保险代理人）

能量层面：舍得为自己投资，是爱自己、有值得感的表现。投资自己的钱也是进入高级圈子的门票。财富可以买成物品，是一种给生活带来喜悦感和安全感的能量。既然能量是流动的，而且是可以相互转化的，那么这种喜悦的能量也可以通过某种特定的方式再转化为财富。钱也会越花越多。

以上这些销售冠军成功的方法并不是到处去加人，劝说认识的每个人都买保险，这样只会引起他人的反感，甚至被屏蔽。他们提升自我，投资自我，让自己保持乐观、自信、真诚、热爱，勇于付出，善于解决他人的问题，每天都把自己的财富能量提升得很高。这种高能量让他们年薪过百万，甚至成为销售冠军。

悦函财富能量笔记

　　一个能量高的人，是不会被大环境影响的，心的能量高了，你甚至可以转变环境。大环境导致大家心灰意冷，我们更要及时纠正自己的负面心念。使用肯定语唤醒自己内心的积极能量。能量高频振动，就会脱颖而出，找到自己理想的工作。

　　真正的贵人，就是带着你进步、给你的人生指路的人，带着你赚钱的人，帮你点明思想误区并希望你越来越好的人。提高自己的能量，积极乐观，善良好心，乐于助人，懂得感恩，知恩图报，就能和贵人同频共振，得到贵人的帮助。说好话，存好心，做好事，这样的人的能量是很高的。人生最好的贵人就是努力向上的自己。

　　我们对过去的感觉取决于我们的记忆。感恩能够增加我们生活的满意度，是因为它将过去好的记忆放大了。经常进行感恩日记的练习，有利于我们重塑一个积极乐观的大脑，从而提升自己的能量。自己变得快乐、喜悦、能量高了，可以让你在工作上获取更多的灵感和帮助，这也许会让你的财富增加得更快。

　　在投资活动中，贪婪和恐惧是人性的两大弱

点。很多资深投资者虽然有丰富的理论知识和实践经验，但因为无法超越人性中的贪婪和恐惧而满盘皆输，确切地说他们是败给了自己。贪婪和恐惧的能量值是非常低的。这样的能量只能吸引更多的匮乏，根本无法吸引财富。时刻内观你的**情绪，觉察你的人性弱点，觉察你的财富能量**。只有能量高了才能引导投资的成功。投资场上的赢家永远是少数人，是那些在低处以平和心态布局，在市场被躁动、不安、贪婪这些能量充斥的时候离场的人。

保险经纪成为销售冠军的方法并不是到处去加人，喋喋不休地劝说每个人买保险，这样只会引起他人的反感，甚至屏蔽。他们提升自我、投资自我，让自己保持乐观、自信、真诚、热爱，勇于付出，善于解决他人的问题，每天都把自己的财富能量提升得很高。这种高能量让他们年薪过百万，甚至成为销售冠军。

第四章

财富能量在工作和投资中的应用

高能量者都知道的投资稳赚的秘密

我经常会给身边的朋友讲一个乘电梯的小故事：在一座摩天大楼的顶层有一个宝藏，有一部电梯通到大楼顶层，A、B、C 三个人乘电梯到达顶层后获得了宝藏。大家很羡慕，问他们是怎么得到宝藏的。

A 说，我是靠吃"苦"获得的，我一路上都在喝黑咖啡；

B 说，我是靠勤奋获得的，在电梯里我一直不停地跑步；

C 想了想，摊开双手说，我什么都没做啊。

实际上，这三个人获得宝藏是因为他们找到并且乘上了电梯。获得宝藏与 A 的喝咖啡吃"苦"和 B 在电梯里勤奋跑步都没有关系，C 也并不是什么都没做，他们三个都成功找到并乘上了电梯，这才是获得宝藏的关键。这部电梯就是我经常讲的趋势和风口。

世界上有很多类人：有的人根本无心找宝藏；有的人

想要宝藏却没有找到电梯，只能爬楼梯，还没来得及爬到楼顶，宝藏已经被别人捷足先登了。仔细想想，你属于哪类人？

很多人被一个问题困扰：每天起早贪黑、忙忙碌碌，付出的比别人多，为什么没有收获财富？而有的人看上去不如别人勤奋辛苦，也不一定比别人学历高，却轻松实现了财务自由。这些人往往是因为财商高，所以乘上了电梯，把握了时代和经济的大趋势。

我在《学会复利成长，实现财务自由》一书中举了很多投资成功的例子，早年在一线城市核心地段买房、互联网的高速发展、电商行业和直播兴起，这些趋势都造就了很多富翁。很多成功人士的人生中最重要的财富大增长，得益于抓住了天时和历史给予的机会，成功搭上了时运的顺风车，也就是符合趋势，恰好站在了风口上。

趋势是指事物发展的动向，也是事物自身发展运行的一种自然规律。 我们的行为只有符合趋势，才能获得自己预期的结果。

趋势投资指投资人把握大趋势，根据投资标的的上涨或下跌周期来进行投资的一种方式。 什么是符合趋势的投资呢？例如，我们在牛市初期股票价格很低的时候买入并持有股票，在牛市即将结束、股票价格已经涨得很高时卖出股票，会获得丰厚的收益，这就叫符合趋势的投资。

不符合趋势的投资就是相反的操作，在股票被市场热捧、价格很高的时候追高买入，套在了顶部，之后股价一路下跌，却不做止损。等到股价跌了一大半、价格已经低于股票价值了，这时候却又忍不住"割肉"了，而在"割肉"以后，股票价格又逐步回升。这就是背离趋势的投资。

我想从能量的角度，从更高的维度来讲讲怎样把握趋势，搭上时代的顺风车，从而收获财富。

- 积极，开放，接受新事物，接纳变化才能顺应趋势

积极、自信、不畏惧挑战，敢于出发，行动力很高，主动创造自己想要的生活，这些都是分值很高的能量。当一个新的趋势出现的时候，往往是充满变化的。有些保守的人会害怕改变，抵制不确定性，对新事物进行抗拒。而能量高的人会接纳生活中发生的一切，会无条件地喜悦，更会主动去拥抱变化。这样的人更容易适应新的时代，顺应新的趋势。

不犹豫，不等待，积极主动，被新的趋势推着往前走，在时代的浪潮里做一个"弄潮儿"，是很容易抓住风口、获得财富的。

- 相信财富吸引力法则，相信国运，相信行业的发展

投资不只是买股票、买债券、买基金、买房子，还包括把自己的未来安放在某个国家、某个城市、某个行业，并且投入自己的时间、精力、财力，从而获得财富。

想获得稳赚的投资收益，必须从心念出发。相信自己可以获得财富，并且正在获得财富的路上，把这当作每天太阳会升起一样自然。就像我在德国留学结束后一定要回国，我坚信中国的国运，中国一定会成为世界上最强大的国家，会迎来前所未有的盛世。这种相信也造就了我目前财务自由的丰盛生活。

你的心念一直在创造并且吸引与之能量振频相同的事物。相信并且行动，相信成功，你就会看到成功。

- 投资自己是稳赚不赔的生意

如果你还不能确定自己所在的行业是不是处于上升趋势，可以去读一下我另外的两本书，里面有对行业未来趋势的解读。也有些人刚刚进入社会，并没有很多积蓄，那么投资自我，提升自己的认知，就是你目前稳赚不赔、一本万利的好生意。

只有不断进行与时俱进的学习和自我提升，才能保持认

知的高能量，认知高了，就会打开高维通道，让你看到未来的趋势。你永远赚不到自己认知范围之外的钱，就算是靠运气赚到的钱，最后往往又会因为缺乏认知而失去。所以，在有能力做经济领域的各种投资前，我们先要通过学习，把自己的认知和财商匹配到一定的能量高度。

除了对自己的认知进行投资，提高财商，也可以对个人品牌进行投资，投资自己的健康和形象；还可以对友情和亲情进行情感投资。当你的能量越来越高时，就会吸引到与之相匹配的财富。

至暗时刻往往是"大运"的起点

你的人生中有过至暗时刻吗？

失业没钱交房租，却又遇到感情的背叛；生意失败，家人离去；在投资亏损的同时失去健康。

这时你会怀疑人生的意义：人生为什么会体验那么多的痛苦？

你感觉自己撑不下去了，于是必须生出翅膀、长出铠甲。而这些能力，不仅可以让你从低谷中走出来，还能一路带你飞，送你上青天。让你觉醒的，从来不是快乐，而是"至暗时刻"的磨难。苦难让你自己生出羽翼和铠甲，让你飞离谷底，并且一路上青天。

一个人在真正走"大运"、开始有翻身可能性的时候，往往会经历这样的人生至暗时刻。觉得自己倒霉得已经到十八层地狱了，没想到下面还有十层。你有可能翻身的时候，一定是处于你人生的"至暗时刻"。你感觉自己已经在"人间炼狱"了，觉得必须触底反弹了。

在投资市场中，跌到谷底往往也是一轮大行情的起点。

2022年10月，新冠病毒在全世界蔓延，经济活动受到了一定的影响，反映在股市上，A股的上证指数触到2885.09点。沪深两市低迷，沪深300指数跌出了近8年来的最低估值。一些板块，比如医药、新能源，更是"跌跌不休"，不但套牢了很多股民，连一些资深的基金经理都被套了。

我周围的一些投资者，有的被套了，如果"割肉"就会亏损40%。他们天天愁眉苦脸，悲观绝望。有的人信誓旦旦地说，只要反弹解套就永远离开股市，销户，再也不回来了。奈何股市不如其所愿，不但没有反弹，10月中旬又进行了一波急跌，没有最低，只有更低。当时对很多投资者来说就是"至暗时刻"，恐惧和绝望笼罩着股市。当反弹的希望破灭，有些股民再也忍不住了，开始"割肉"离场。他们纷纷在网上晒亏损：有的亏掉了一辆车，有的亏掉了一年的工资。我能感觉到他们的难过和无奈。

看过我《学会复利成长，实现财务自由》一书的读者都知道，投资股市是"反人性"的，需要克服人性的弱点。巴菲特曾说："别人贪婪我恐惧，别人恐惧我贪婪。"

什么叫"别人贪婪我恐惧"？股票市场正在经历牛市，全线飘红，大家都在加仓疯狂买入时要恐惧，就得不断减仓直至卖光。什么叫"别人恐惧我贪婪"？股指大幅下跌时大部分人都在卖掉手里的股票套现离场，这时候就要贪婪，就得不断低吸买入。

成功的投资者会在大家离场的时候买入，敢于收下这些筹码；要在绝望的时候坚持，股市总是在绝望当中重生，在争议当中上涨，人们要在争议的过程中敢于坚定地持有。当所有人都过度乐观的时候，就有可能在狂欢中崩盘。

由于当时很多板块的指数已经非常低，到达历史估值的底部了。这时买入，就相当于用4角钱买1元钱的东西。我当时坚信不疑：新冠病毒带来的影响总会过去，经济一定会复苏，美联储的加息也会在2023年结束，市场会逐渐宽松。

于是我在2022年10月底的"至暗时刻"对沪深300等指数进行了投资。买完就等待，不需要每天看盘，就等着"至暗时刻"过去和一轮大行情的到来。当时，我觉得自己的能量是非常高的，充满了希望、乐观、喜悦。我相信自己的投资一定会有很好的收获。

果然在 10 月 31 日，人民币汇率终于结束贬值，开启了新一轮的升值，而上证 50 和沪深 300 都是在这一天开始见底的。加上我国抗疫成功，经济复苏，美联储加息周期将在 2023 年结束，市场将释放流动性。上证指数从 2863.65 点一路上涨到了 2023 年 5 月的 3418.95 点，涨幅接近 20%。而人工智能"中特估"等板块的涨幅远远大于 20%。

2023 年五一劳动节的假期，商业又恢复了昔日的火爆：淄博烧烤人满为患，食客都找不到座位；西安不夜城人声鼎沸，人群熙熙攘攘；珠穆朗玛峰深夜两点挤满了登山爱好者；不但堵车，连去沙漠旅游的人骑的骆驼也在排队。

短短几个月，我的投资获得了丰厚的收益。同时也有一些朋友和读者跟随我在低位购买了基金，也获得了不少收益。我觉得这些人的能量也是很高的，当时买入后也有一定幅度的回撤，但是他们丝毫不怀疑，抱着乐观的态度，相信经济复苏，股市也一定会复苏。

同样的至暗时刻，有人看作是大机会，走"大运"的前兆，一轮大行情的开始；而有的人却在黎明前的黑暗倒下，如果那些投资不在 2022 年 10 月"割肉"，过几个月，他们解套甚至赢利都是没有问题的。这么大的差距全在于你怎么想。你相信什么，什么就有可能会成为真的。

你把它看成一次人生的转变，就会抓住新的机遇；

你把它看成一次断舍离，就会告别过去，踏上新的征程；

你把它看成一次痛苦的觉醒，就会上升到更高的维度。

记住，"至暗时刻"是来让你觉醒、成就你的，是宇宙在给你指明新的道路。当你正在经历"至暗时刻"时，你不妨转念成：现在我正在经历上天对我的考验，我马上就要翻身了，要走"大运"了。

不要迷信基金经理和财经"网红"，把能量收回给自己

关注就是能量，不要把能量给别人

我们的关注是有巨大能量的。举个在恋爱和婚姻中的例子，我们很容易把关注点放在另一半的身上，会因为对方没有及时回信息而各种脑补：他在忙什么呢？为什么没有及时回信息？是不是移情别恋了？

一旦一个人把关注点放在他人身上，就是把自己的能量给了出去。一旦没有收到反馈，就会陷入焦虑、迷惘、痛苦的低能量中。而这种低能量会很快被对方觉察，对方认为你没有给足空间，感情的危机感也会随之降临。

如果想要让彼此的关系往好的方向发展，就要拿回自己的能量，把关注放在自己的身上。可以去看高能量的好书，和高能量的人交流，做自己喜欢做的事，去接触大自然。最

重要的就是守好自己的心念。外界的一切都是我们的投射，投影源就在于我们的心念。这时候的你自带光芒，闪闪发光，魅力四射，会收到更多的关注，也有利于更好的两性关系。

为什么不要迷信基金经理

举了恋爱中的例子，我们回到投资领域。有很多投资者非常迷信基金经理和一些股票财经大 V，对他们时刻关注并且崇拜。

有的人非明星基金经理的基金不买。确实，有的基金经理在某些年度的某几只基金曾经获得过不错的收益。但是他们或许很快也会因为市场的周期，或者热点板块风格的转换而跌落神坛。

比如某位基金经理，曾是 2005—2012 年公募基金最大的"业绩传奇""公募一哥"。从 2005 年 12 月末至 2012 年 5 月，他管理的华夏大盘基金创造了近 1200% 的累计回报。他被基民疯狂追捧，我认识的一位投资者更是非他管理的基金不买。但是近年来他管理的私募基金亏损严重，投资者叫苦不迭。

还有一位基金经理管理着一只创业板基金，因为创业板从 2012 年 12 月的 585 点涨到 2015 年 6 月的 4037 点，他也取得了非常好的业绩，在业内被"封神"。当时虽然在高点，但还是有很多基民追这只基金。然后创业板从 2015 年 6 月底开始一路下跌，谁要是在那时买了这只基金，就被高高地套在了山上。

又比如某位女基金经理偏好在医药板块投资，在医药板块涨的时候，她被基民追星，甚至被称为"女神"。而近一两年医药板块"跌跌不休"，有的人甚至被套了 50%。她一下子跌落神坛，"女神"的称号也被换成了"大妈""老妖婆"。

基金公司为了销售基金会打造明星基金经理，也会使其旗下某一只基金确保业绩，抬高市值，从而吸引基民的投资。实际上一个基金经理会同时管理很多只基金，管理大盘股、小盘股、创业板、人工智能板块、新能源板块等。比如金融保险进入上升通道，那他的这只大盘股基金就会涨得很快，他一下子就成为明星了。但你要是迷信他个人，又买了他管理的另外的基金，比如房地产基金（一直处于下跌通道），就不会有那么好的成绩了。

为什么不要迷信网红股评人和财经大 V

你在各种媒体平台看到很多网红股评人和财经大 V 天天喊着"涨涨涨，不要怕，买买买"，结果被他们极具煽动性的口号带动情绪，头脑发热，冲进了股市，在高位被套，后悔得要命。你也没办法找他们索赔，最多在网络评论区骂两句，但也挽回不了你的损失。

这些股评人和财经网红有些是证券公司的从业人员，是吸引投资者到他们公司来开户的。你交易，他们就有钱收。也有的是让你加群、帮你做投资的，你亏了不管，你赚了，他们要提取一定比例的佣金。

也有基金公司的工作人员做宣传的。基金公司赚基金管理费，卖得越多，收取的管理费就越多。基金的净值和基金上市的时间有关。在市场底部上市的时候，往往人气涣散，没人看股市了，买的人很少，这时候基金的价格也就是当天的单位净值就较低，上升空间较大；而市场涨得多，投资者就会情绪高涨，这时候买的人多，基金的价格也会高，基金就好卖。基金公司就会趁机在网上大力宣传，推出同一类的基金产品，但实际上这时候基金的价格已经在高位了，接下来上升空间就不大了。

关注自己，收回能量

在基金公司用明星基金经理做宣传的时候，在网红股评人和财经大 V 用很大的声音和自信的语调喊着涨到 6000 点、10000 点的时候，千万不要头脑发热，被这些夸大其词、感性的话语煽动。自己要理性分析，从他们身上拿回能量。

　　把关注点放在自己的身上，提升自己的认知，了解估值和股市周期，自己学习判断趋势。要知道，选股能力再强的基金经理也不可能逆势赢利。我们要建立自己的交易规则，提升能量，坚定不移地相信自己，才能在投资市场获得成功。

过度关注小钱，在股市里频繁交易，会消耗你的财富能量

市面上有些理财书会教人用信用卡消费、积分兑换、使用优惠券这些"省钱"的方法。在我的《学会复利成长，实现财务自由》这本书中，确实强调了刚进入社会的新人要通过节省生活成本、避免奢侈消费来积累用于投资的本金，从而实现复利积累，进行滚雪球。

但是如果终日为赚小钱而忙碌，赚点小钱就沾沾自喜，本质上都是不愿意做延迟满足的事。我们最该思考的是，如何赚大钱，如何靠投资改变命运。因为人的精力有限，你总是关注小钱，肯定就没工夫思考赚大钱。

同理，股市上的频繁交易，如果赚了点小钱就卖掉，很有可能在卖出后价格上涨，因为卖飞而追不回来，最后只能看着高高的价格，追悔莫及。

巴菲特认为：股票是需要长期持有的，可惜的是，很多人不适合买股票。因为他们受不了股价波动，如果股价下跌就会做蠢事。巴菲特在买入一个公司的股票后，往往也会"被套"，比如他买入的可口可乐、喜诗糖果、中国石油、比亚迪等。有的时候会面临资金回撤 30% 以上，甚至股价腰斩的情况。但是他一旦看好这个公司的内在价值，就不会被短期的波动干扰，坚定持有，直到股价涨到他的目标值，获得丰厚收益后再卖出。

我做投资，也很少在交易日看盘。我会选择我看好的行业，在低位布局。根据我自己的交易规则：以 4 角钱的价格买入 1 元钱的东西。买入后，就不再看盘，既不会被价格的起伏牵动自己的情绪，也不会因为短线的波动而使自己的能量波动。不一定非要涨到 1 元钱，稳妥起见，9 角钱以后就可以分批抛出，吃上一整段的利润。

投资过程中，其实 90% 的时间都在等待。如果你每天都在看盘，就会被 K 线牵扯情绪，为每天涨跌的小钱快乐或者痛苦。你这样就是妥妥地被股市控制了，能量被严重消耗。

不要在股市里频繁交易的底层逻辑

每天都在做交易的人，如果这件事你想不明白，可能你炒一辈子股也无法变得成熟。我们说，假如一个机会十年才出现一次，那叫十年难遇的机会。如果一年只出现一次，那也是非常值钱的机会。如果一个月出现一次，也算是不错的机会。如果天天都出现，你觉得那还叫机会吗？它根本就不值钱。所以你每天交易，抓住的根本不是什么大机会。

天天看盘交易对你的能量会形成严重的内耗，让你亏损失败

如果你养成了天天看盘、看日线、看分时的习惯，它就会牵动你的神经，让你失去理智，失去对大势的判断。最后的结果就是眼睛总是盯着脚底下，脑袋抬不起来。哪怕买到了好的股票和基金，稍微一波动就患得患失。

这会降低你的执行力，不按照事先定好的止盈止损规则，而是按照当时大脑受到刺激而产生的情绪来操作。追涨杀跌，错了也不愿意认错。这也就是我们经常说的成为市场里的"韭菜"。而真正赚钱的操作手法是"反人性"的，是需要克服这些人性的弱点的。

为什么会有那么多人频繁交易？是因为被贪婪和恐惧的低能量控制

人的天性就喜欢放纵，玩游戏、吃甜食。从生理机制来看，这些东西可以让大脑产生多巴胺，产生愉悦感。但是如果让你每天坚持跑步，坚持学习，控制饮食，大部分人就很难做到了。

在股市里，我们经常听到有人说"做T"，这里的做T（Trade）指的是做差价的意思，通过低买高卖，把成本价降下来。正常情况下，在做T的过程中，要保持股票的总量不变，即买卖的数量保持一致，目的就是把成本价降低。但是很多人做T解套，却越做越套。

做T的道理，大部分人都是短视的。从本性来讲，都想规避短期波动，尤其是有了盈利后都害怕跌回去。这叫**损失厌恶效应（禀赋效应）**。而如果让你抗住波动，在波动面前保持淡定，这并不是普通人能做到的。只有真正有定力、能量高的人才能稳住自己的内心。

做差价也符合了大多数人的心理弱点，就像吃零食一样放纵。但是但凡在股市里能赚到钱的人，哪个不是自律的？他们的操作都是"反人性"的。既不想承担短期波动又想赚大钱，天底下哪有那么好的事呢？

失败来自放纵，而成熟需要克制和延迟满足。巴菲特也会被套，他在买入看好的股票后，也会面临短期的波动和资金的回撤。如果你看好能涨，干吗在意短期的波动？坚定持有就可以了。忘掉密码，卸载交易软件，半年一年以后再来看。如果你不看好，觉得会跌，那为什么还持有？不如及时止损，把精力放在长期向好的股票和基金上。

　　生活中过度关注小钱，就没有能量去关注赚大钱的机会。关注股市里短线的波动，就会被股市牵着鼻子走，频繁交易会不断地耗损你的财富能量，导致失败。

　　贪婪和恐惧都是能量很低的表现。如果你内心强大，选好长期向好的、在低位的股票和基金，就要敢于不看盘，不惧怕短期的回撤。最终收获一整段价格上升带来的收益。

　　提升你的能量，坚定你的心念，相信你的选择。这样，什么都无法影响你达成正确的交易，你才会成为股市里的赢家。

拒绝无效社交，成功的投资者喜欢独处

巴菲特的伯克希尔—哈撒韦公司是全球最大的保险投资集团公司，并没有设在美国纽约繁华的华尔街，反而设在美国中部仅有40万人口的奥巴哈市，并且只是简单租赁一座大厦的半层楼作为总部办公地点。巴菲特从1962年开始管理伯克希尔—哈撒韦时就在这办公，如今已经60多年了。

巴菲特是曾经的世界首富，有人好奇为什么他不在世界金融心脏——纽约的华尔街设立一个豪华的办公室，而是在一个小城。

在华尔街上，身着笔挺西装的金融从业人员会整天相互会面，做生意，交换投资和资金。华尔街上应酬繁多，大部分公司希望身处这种业务发达的地方，身处能把握市场脉搏的地方，由此知道什么是重要的、什么是最新的动态、谁是受欢迎的和必须结识的人。好的信息来源、重要的熟人和关

系网，这一切都使业务开展得更容易。

这听起来似乎很有道理，但你只要知道世界上赚大钱的永远是少数人，就会知道这是一个错误。如果你每天都被思考、讲述、相信和感受相同东西的人包围，那你就会受他人影响，失去独立思考以及听从自己内心声音的机会，而被卷入盲从。

这也许正是巴菲特成功秘密的一部分。他会在远离华尔街的地方做出决策，由此，他可以免受巨大的潮流的影响。远离纽约的华尔街，少了很多喧嚣，多了几分安宁。只有环境静了，心才能静，思维才能更加清晰。

巴菲特不喜欢无效社交，我也不喜欢无效社交，并不是为了投资成功和他学，我是天生不喜欢人多。我从小就很少看电影，因为人挤人的环境让我感觉不舒服。长大以后，非必要不去聚餐。有的饭局上，朋友互相带来陌生的朋友，聊天也没有实质性内容，大家在那里吹牛、抽烟，大声嚷嚷着敬酒。饭局后总感觉头疼欲裂。

我也很少在节假日去逛街、旅游。我还记得去美国奥兰多迪士尼的经历，每个游乐项目都要排队 1 个多小时。等待的疲惫和玩游乐项目的兴奋也互相抵消了。狭窄的空间，再加上大声喧哗的人，会让我感到非常不舒服，觉得自己的能量被吸食。还不如在迈阿密的海滩散散步，踩着沙滩，听着海浪，清风拂面，看看云，吸收一下宇宙的能量。

2023 年的五一劳动节假期，看到很多游客在黄山顶的厕所过夜，北京颐和园、圆明园的游客被挤得寸步难行的新闻，我庆幸在家里写作没出去。

什么是无效社交？

无效社交是无法给人的精神、感情、工作、生活带来任何愉悦感和进步的社交活动。简言之，就是拉低你能量的社会交流活动。

无效社交常常会占用我们的时间和精力而让我们没有任何收获，让人变得从众，越来越不自信，变得浮躁、焦虑。虽然说人离不开社交，但余生有限，为了合群和以消耗自己为代价的社交，都是消极的社交，请趁早放弃。要把余生的精力投入到做更有意义的事情上去。

独处的时候才能真正获得自由

只要空间中有另外一个人，即使不说话，也能感知到对方的能量场，总是要配合对方做出适当的行为。人们总是有各种各样的评判：你太胖了，你穿这件衣服不好看，你为什么不结婚，为什么不生孩子。你总是要配合别人做出牺牲。

一个人只有在独处时才能成为自己。只有在独处时才是真正自由的。当你仍然活在这个世界里却又很少受他人影响的时候，你就变得自由了。

社交聚会要求人们做出牺牲，而一个人，越具备独特的个性，那他就越难做出这样的牺牲。或许只有在独处的时候，一个具有丰富思想的人，才会看到自己内心深处真正的想法。

成功的投资者必须独处，和大多数人反着做

在股市以及很多投资市场，大多数人的狂欢往往是股市见顶的标志。比如在中国，股市是一赚，二平，七亏。也就是说，赚钱的只有 10% 的人。当你看到以下这些现象，你就需要警惕了：

同事、亲戚朋友都开始聊股票；

在外面吃饭时，邻桌有人谈股票；

非股票群里有很多人开始晒收益，还有人发红包，情绪高涨；

媒体高喊牛市来了，有人开始喊 4000 点，甚至 5000 点；

热搜出现"牛市"，短视频里的财经大 V 被无数粉丝追捧为"股神"；

大众追捧各种基金，新基金单日申购额频繁破百亿元，要配售才能买到；

两市成交额突破 1.5 万亿元，甚至一度接近 2 万亿元。

我们当然希望人人都能在股市里赚到钱，但是目前为止，股市的赢家还是少数。人都聚集过来了，往往就是要有人为此买单了。所以要想成为成功的投资者，绝对不能人云亦云，而是要独处，听从自己内心的声音，建立自己的交易规则，并且严格执行。

独处，保护好你的能量

独处可以让你一直保持高能量，不被社会上嘈杂的声音影响。如果你感到能量低了，你可以试试以下做法，来保护好你的能量：

- 避开人多的地方，比如商业街、拥挤的地铁。
- 少参加没有实质内容的八卦聊天、拼酒的饭局等。
- 不看负面的、令人沮丧的新闻，不看为了博流量令人心生恐惧的视频。
- 远离噪声：装修噪声，嘈杂的音乐。
- 远离爱抱怨、负能量以及想要控制你的人。
- 觉察大脑的念头，停止焦虑、胡思乱想，用正念代替。

充电，提升你的能量

以下这些独处的方式也可以提升你的能量：

● 去安静的公园，选一个温度、光照都适合的地方坐下来，静静地晒太阳。

● 去一个人少的地方，如山里或者禅院，踩在草坪上接地气，看花，看云。

● 去海边听海，踏浪。

● 慢慢地品尝咖啡或茶，看一本高能量的书。

● 给自己积极的心理暗示。

● 爱自己，欣赏自己，买自己想要的让自己开心。

悦函财富能量笔记

趋势是指事物发展的动向，也是事物自身发展运行的一种自然规律。我们的行为只有符合趋势，才能获得自己预期的结果。趋势投资指投资人把握大趋势，根据投资标的的上涨或下跌周期来进行投资的一种方式。顺应趋势的投资才会获得丰厚收益。

只有不断进行与时俱进的学习和自我提升，才能保持认知的高能量，认知高了，就会打开高维通道，让你看到未来的趋势。你永远赚不到自己认知范围之外的钱，就算是靠运气赚到了钱，最后往往又会因为缺乏认知而失去。所以，在有能力做经济领域的各种投资前，我们先要通过学习，把自己的认知和财商匹配到一定的能量高度。除了对自己的认知进行投资，提高财商，也可以对个人品牌进行投资，投资自己的健康和形象；还可以对友情和亲情进行情感投资。当你的能量越来越高时，就会吸引到与之相匹配的财富。

每个人都会遇到自己人生中的"至暗时刻"。这是来让你觉醒、成就你的。当你正在经历"至暗时刻"时，你不妨转念成：现在我正在经历上天对我的考验，我马上就要翻身了，要走"大运"了。

在投资市场中，跌到谷底也往往是一轮大行情的起点。成功的投资者会在大家离场的时候买入，敢于收下这些筹码；要在绝望的时候坚持，股市总是在绝望中重生，在争议中上涨，人们要在争议的过程中敢于坚定地持有。当所有人都过度乐观的时候，就有可能在狂欢中崩盘。

关注就是能量。一旦一个人把关注点放在他人身上，就是把自己的能量给了出去。一旦没有收到反馈，就会陷入焦虑、迷惘、痛苦的低能量中。如果想要让彼此的关系往好的方向发展，就要拿回自己的能量，把关注放在自己的身上。可以去看高能量的好书，和高能量的人交流，做自己喜欢做的事，去接触大自然。最重要的就是守好自己的心念。

在基金公司用明星基金经理做宣传的时候，在网红股评人和财经大 V 用很大的声音、自信的语调喊着涨到 6000 点、10000 点的时候，千万不要头脑发热，被这些夸大其词、感性的话语煽动。自己要理性分析，从他们身上拿回能量。把关注点放在自己的身上，提升自己的认知，了解估值和股市周期，自己学习判断趋势。我们要建立自己的交易规则，提升能量，坚定不移地相信自己，才能在投资市场获得成功。

生活中过度关注小钱，就没有能量去关注赚大钱的机会。关注股市里短线的波动，就会被股市牵着鼻子走，频繁交易会不断地耗损你的财富能量，导致你的失败。

贪婪和恐惧都是能量很低的表现。如果你内心强大，选好长期向好的、在低位的股票和基金，就要敢于不看盘，不惧怕短期的回撤，最终收获一整段价格上升带来的收益。

提升你的能量，坚定你的心念，相信你的选择。这样，什么都无法影响你做出正确的交易，你才会成为股市里的赢家。

只有在独处的时候，一个具有丰富思想的人，才会不被他人干扰，看到自己内心深处真正的想法。在股市以及更多投资市场，大多数人的狂欢往往是股市见顶的标志。成功的投资者必须独处，和大多数人反着做。独处可以让投资者避开人多的地方，避开嘈杂的声音。觉察自己大脑的念头，停止焦虑、胡思乱想，用正念代替，有利于保护好自己的财富能量。

第五章

提升财富能量的方法

懂得金钱的灵性法则，对财富敞开心扉

　　钱是世界上最有灵性的东西，你越懂它，它越找你。当你一个人静下来的时候，你可以和金钱沟通，问问金钱喜欢什么、不喜欢什么。有的人会问，怎样和金钱沟通呢？金钱又不会说话，它会怎样回答你呢？其实我们和万物沟通都是在和自己的潜意识沟通。

　　就如前面章节里讲的，潜意识就像一个花园里的土壤，你的花园开出什么花，都是从这里种出来的。想要知道现在的你为何如此，只需要到潜意识里去寻找原因。而现在的潜意识，也将决定明天的你过什么样的生活。要想获得财富，你就需要在潜意识里种下种子，细心呵护，用你的热爱来灌溉。久而久之，它自然会开出丰盛的花。

　　所以如果你和金钱沟通，你会发现金钱喜欢的语言。如果你能读懂金钱的语言，也就了解了金钱的灵性法则，金钱

就会把你当成自己的主人，追着你跑。

总结前几个章节，我们懂得以下内容。

金钱喜欢：

- 金钱喜欢爱和喜悦

做你喜欢的、最具天赋的事业和工作，这样你会带着爱和喜悦工作，才能为更多人创造更多的价值。就像你遇到一个不需要强迫自己学习、你就会爱它的职业一样，这就是真爱。你爱金钱，金钱也会更爱你。爱和喜悦的能量是很高的，而这也是金钱最喜欢的。

- 金钱喜欢流动

金钱是流动的能量，钱花出去得越多，收获得也越多。能付出说明我们是富足的、有能力的。我们将利用金钱去帮助其他需要帮助的人，为他人、为社会创造价值。做公益的时候会让我们感觉很好，内心平和，充满喜悦。这样我们的能量将得到提升，我付出等于我得到，我给出去的将加倍回来。

- 金钱喜欢感恩

当你在花钱买东西的时候能感觉到它为你带来的快乐，并且觉得自己有值得感时，就请你感恩金钱吧。感恩是一种高级的能量，金钱是有灵性的，它和人一样，你越感激它，它越喜欢你、追着你。

金钱不喜欢：

- 金钱不喜欢贪婪和恐惧

心存恐惧的人，害怕失去金钱，不敢花钱，不敢做投资。生命都被囚禁在一个牢笼里，更谈不上有创造了，所以吸引不来金钱。贪婪的人希望一夜暴富，眼里没有风险，很容易被利益冲昏头脑、迷失方向。贪婪和恐惧的能量都是非常低的，吸引不来金钱。

- 金钱不喜欢匮乏和不自信

金钱本来就是一种丰盛的能量，如果你在花钱时缩手缩脚，觉得自己买不起，觉得自己不值得、不配，那你这种匮乏的能量是吸引不来金钱的，金钱一定会离开你，跑去找有值得感、自信的人。

- 金钱不喜欢限制性的思维

"必须吃苦才能完成财富的积累。""必须每天超时工作，只有不停努力才能获得财务自由。"方向不对，做了也白费。有这些想法的人的能量振频也是非常低的。

　　这些限制性的想法都来自你的头脑，阻止你得到财富。停止使用你的头脑，要听从你的心。把你的心敞开。敞开等于接纳，当你有了吸引财富的念头，你要觉察到宇宙给你的机会。也许你会莫名其妙地想去书店，在那里你翻开一本书，里面有一句话，突然给了你投资的启发。也许你突然有个念头，让你非常想去另外一个城市，而在那里你会遇到新的工作机遇，进入一个高速发展的行业，遇到可以帮助你的贵人。这些都是你提升能量后，接收的高维度的信息和指示。

　　万物皆有灵性，金钱也是。知道了金钱喜欢什么、不喜欢什么，那我们就读懂了金钱的语言，这会让我们越来越有钱。

学会视觉化，可以更快地给你的潜意识下指令

有人说，非常相信自己是个千万富豪，却依然是个拿着普通工资的打工族，这是为什么？那是因为你的潜意识还没有达到改变自己状态的地步，也就是你的潜意识还不能完全认为自己是个千万富豪。别急，这需要练习。要克服你自出生以来逐年累积而形成的限制性的思想，不能一蹴而就。

我们在许下吸引财富的愿望后，总会不自觉地思考这个愿望怎样去实现，会以何种方式来到我的身边。但有的时候你会为财富来到的方式设限。当你只规定它以某些路径来，比如升职加薪，那你无形中就阻碍了财富来的其他方式。

比如有个朋友的公司突然要增资扩股，要吸纳新的股东。但因为你头脑中限制性的想法是必须在原有的公司靠打工升职加薪才能变得富有，那这个时候你的潜意识会说，不、不、不，这不可能发财，你就会拒绝朋友的邀约，而朋

友的公司由于吸纳了更多的资金，越做越大，也许你就会错过一次致富的机会。

这个过程中，你的潜意识起到了跟你愿望相反的作用，由于你的不相信，你的这种意识同样以一种负面的能量和频率在振动，这也就产生了负面的结果。

当然你也不用担心，你的负面意识不会让你在第二天就成了穷光蛋，你的正面意识也没有让你马上拥有一千万。这些都需要足够多的意识力。所以我们需要练习如何给潜意识植入正面的信息。

这一节，我们就介绍一个很多成功人士都在用的"视觉化"法。学会了视觉化，就可以又快又准地给你的潜意识下指令。

稻盛和夫在他的《活法》一书中写道：

如果真的想要做成一件事情，不可或缺地首先就是强烈的愿望。

要将不可能变为可能，首先需要达到痴狂程度的强烈愿望，坚信目标一定能实现并付出不懈的努力，朝着目标奋勇前进。

同时持续地思考，透彻地思考，你就会在事情发生前就已经看见了它的结果。

　　就是说不仅要有想这么干、想做成那样的强烈愿望，而且要在头脑里反复周密地推敲这个愿望实现的具体方法，将这个愿望实现的过程预先在头脑里进行模拟演练，就像下象棋可走的着数有几万种之多，通过一次次排列，在棋谱中消除错误的方法，这样就可以拟订出切实可行的计划。

　　在我们的人生中，想要做成某件事，我们首先要描画它的理想状态，然后把实现它的过程在头脑里模拟演练，一直到"看见"它的结果为止。

　　梦想似乎已经实现，梦想实现时的那种状态，在头脑里或者在你的眼前鲜明地显现出来。

　　用黑白显现还不够，还要让它呈现更接近现实的彩色，更逼真、更自然的状态。

　　反过来说，对要做的事缺乏强烈的愿望，缺乏深入的思考和认真的模拟演练，没有在事先清晰地看到事情完成后的状态，那么在人生中、在创造性的工作中，就很难取得成功。

　　就是你在事先反复思索、模拟演练时所看见的那种完美的状态。

　　有趣的是，事先能够清晰地看到的事物，最后一定能以完美无缺的状态出现；相反，事先形象模糊的事物，即使做出来也达不到完美无缺。

就这样事先考虑到事情的每个细节，让它们在头脑里形成清晰的印象，就是说你事先能看见的东西就能做成，看不见的东西就做不成，因此如果你情愿要做成某件事，你就要把它变成强烈的愿望，一直思索到你能清晰地看见这件事成功时的印象为止。

稻盛和夫表达了：想成功，只有强烈的愿望还不够，必须在头脑和眼前显现出你想要的结果。黑白还不够清晰，必须呈现更接近现实的彩色，更逼真、更自然的状态。这也就是我们所说的"视觉化"给潜意识下达指令。

当你许下要拥有财富的愿望，你要想象你已经拥有它了，想象你的银行存款是多少，你会去买理财产品还是做投资。想象你是个富人，你会住在什么样的房子里，开什么样的车子。想象你在高档的场所消费，想象你用财富来帮助其他人的场景。你的思想越强烈，视觉化的画面越多越清晰，你的指令就越清晰，你的潜意识就会越快速越准确地接收到，然后帮你实现愿望。

视觉化小技巧

● 你可以选择那些最能帮助你解决焦虑、让你感到快乐、你最想要的画面反复观想，甚至可以画下来，这样更加有利于视觉化。

- 时间最好控制在 10 秒以内，反复进行以便潜意识记住。注意不要时间太长，那样就会变成白日梦，潜意识也记不住。

- 视觉化什么时候都可以进行，我会选择在入睡前进行，因为安静的环境更加有利于植入潜意识。

使用肯定语，养成"吸金体质"

每天出门前，我都会对自己说，今天是顺利和快乐的一天。于是，奇迹出现了。到了拥挤的停车场，正好有一辆靠着办公楼大门的车走了，给我让出了一个停车位；来到办公室，前台小姑娘笑着夸我衣服好看；开会时，讨论了很久未解决的问题突然迎刃而解；下午突然收到朋友点的爱心奶茶；看看股票，又涨了；回到家里，家人早就切好了果盘，宠物猫也很乖地来蹭蹭迎接我。果然是美好的一天。

有没有发现，"好的""太棒了""太幸运了"，每天都能说出这种积极话语的人，他们的能量是高的，美好总是围绕着他们，即使遇到了困难，他们也能够渡过难关。

相反，每天都嚷着"真倒霉""他们真坏""没办法了"的人，明显能量是低的，运气也显得特别糟糕。

你的人生剧本是由你自己创造的——你嘴上所说的人

生，就是你的人生！

在吵架时，妻子对老公说：你出了门就再也别回来。老公愤怒之下出门，就真的遭遇了车祸，一句气话变成了诅咒。

生活就是你口中的样子

每天叫着"没钱"的人，真的都是跟金钱无缘的人。这里最关键的信息不是"因为穷而没钱"，而是"天天说着没钱，所以穷"。"说什么来什么"的原理，我们在前面的章节已经分析得很清楚了。我认识的每一位富人，是绝对不会哭穷的，他们说的都是好话。

你要意识到，每天从自己嘴巴里说出的话拥有很大的威力，从而去改变自己的话语。

每天你所说的话，都给你的每一天指明了方向。这就是宇宙法则！积极的语言才能把你带向美好的人生！

语言就如同把飞机带到目的地的自动引擎，只要按下按钮，它就一定能把我们带到目的地。

包括你自己的身体健康，你总是说自己不舒服，你就会真的不舒服。你身体的细胞，会受到你语言的暗示，而变成你潜意识里想要的样子。不管得了什么病，在药物治疗和营养修复过程中，必须保持积极的语言。

"生活就是你口中的样子"，我把它设置为手机的锁屏签名，从而时刻提醒自己，一定要注意自己话语的感召。

看好的，听好的，说好的，做好的，就能得好的。无论你关注什么，都将会创造出你所关注的一切！

快乐成功的人每时每刻都会觉察自己在看什么、听什么、说什么、做什么。

你的每个当下都在创造你的未来，你在创造自己人生的剧本。永远不要说"我不能"。你要克服负面想法，告诉自己：靠着我潜意识的力量，我无所不能。

所以从此时此刻开始，让我们只看、只听、只说、只做美好的事物！每天对自己、对他人说：我多么幸运！我多么美丽！我多么智慧！我多么健康！我多么富有！我多么善良！世界多么美好！

面对工作和问题，永远只说："好的！""没有问题！""一定会有办法！"

不要怀疑，简单相信，不要动心机，只管这样去做！你一定会收获一个个人生的惊喜！

下面这些肯定语会帮助你提升能量，养成"吸金体质"

● 我尊重钱，钱也爱我，我是吸引钱的磁铁，我每天都在接收钱。

- 也许现在收入不多，但我正走在致富的道路上，每天都是上坡路。

- 暂时的亏损是让我调整方向，换到更好的赛道。

- 我赚钱和花钱都很开心，感恩金钱为我创造的价值，为我带来的快乐。

- 我会把金钱花出去为他人和社会创造价值。花出去的钱还会流回来，钱会越花越多。

这些肯定语就是为了把你调到和金钱同样的振动频率上。你也可以根据自己的实际情况和喜好来创建你自己的肯定语。

除了用在金钱方面，肯定语还可以用在事业、感情、健康等各个方面。比如：

- 我爱我的身体，我的身体很健康。

- 我会有良好的人际关系，大家都很喜欢我。

- 我一定会找到适合自己的伴侣。

- 我正在走向事业的成功。

- 我所在的世界越来越和谐，越来越美好。

创造自己喜欢的肯定语，每天在早晨醒来或者睡觉前大声朗读，多念几遍，就是在你的潜意识里植入这些积极的思想。久而久之，你在潜意识的土壤里种下的正面种子就会开出富足的花。

爱和感恩是最强大的力量

越感恩越幸运

如果你经常感觉自己对生活不满，或者经常和别人作比较，觉得自己过得不开心，过得不好，那你不妨试试写感恩日记。我们对过去的感觉取决于我们的记忆。感恩能够提高我们对生活的满意度，是因为它将过去好的记忆放大了。经常进行感恩日记的练习，有利于我们重塑一个积极乐观的大脑。

懂得感恩的人幸福感最高，感恩创造了内心的富足，伴随我们穿越一切顺境和逆境。感恩更是一种能力，是一种诚恳和谦卑。在前面的章节里我们也说过机构老板写感恩日记扭亏为盈的故事，可见感恩的力量有多强大。

万事万物都值得感恩：

- 感恩我健康的身体支持我做很多事情。

- 感恩我的大脑让我思路如此敏捷。

- 感恩我有独特的、美丽的五官。

- 感恩我的亲人充实了我的生命。

- 感恩同事对我说了关切的话语。

- 感恩朋友总是鼓励我，给我好的建议。

- 感恩办公楼里的人辛勤劳作，才让我们有了干净的办公环境。

- 感恩我能够来到这个世界，有体验一切的机会。

- 感恩春天的花、夏天的风、秋天的雨、冬天的雪，让我对大自然充满热爱。

- 感恩我一生中获得的所有的金钱，感恩金钱给我带来的快乐。

- 感恩当下的一切美好馈赠。

当你用感恩的心态去看这个世界的时候，你会发现被万事万物爱着，你会意识到自己拥有的是如此之多。感恩让你充满了正向的能量，从而吸引更多的积极能量。这个世界会回馈你更多。

爱自己，享受真正的富足

"无论发生什么，我都爱我自己。"当你能这么想的时候，你就拥有了强大的能量。

爱自己意味着：我接纳我的不足，我接纳我的弱点，我知道我有自私、软弱的时候，但我允许我是这样的。不管别人怎么看待我，我会尽可能多地喜欢我自己，认可我自己。我会在别人不认可我时，辩证地看待自己，理解自己的不容易，允许暂时的低落。

一个不爱自己的人，内心就会匮乏，会期待别人来爱他，会用更多的抓取换来别人的爱。抓取反而会让身边的人远离。

不爱自己的人，对于金钱也会没有配得感，出于恐惧会不断地抓取，使金钱远离他。其实财富不需要苦苦追求。人只需要做好自己，提升能量，就会像花吸引蝴蝶一样，财富自然就被你吸引来了。

爱是一种能力，一种情感，爱是"给予"，是不期待回报的自我付出。所以你可以问问自己，真的爱自己吗？关心过自己的喜怒哀乐吗？你内心真正需要什么？你会满足自己的需求吗？

我们可以练习通过以下方式爱自己：

● 每天把自己收拾得干净得体，涂一些好的护肤品，穿质量好的衣服。让自己有值得感，可以积累自信。

● 吃新鲜、健康的食物，吸收食物中的能量。

● 爱自然，有空就去大自然中散步，感受阳光、微风、植物的气息和颜色。感受天地万物的滋养，感受自己是被爱着的。

● 拥抱自己的情绪，接纳自己的不足，降低对自己的期待。允许自己慢慢地进步。

● 为自己花钱，可以去做使自己快乐的事。比如看自己喜欢的电影，去健身，去滑雪，去跳舞，去旅游。

● 赞美自己，挑战自己，超越自己。成为更好的自己。

学会爱自己，才能更好地爱别人，爱工作，爱生活，爱金钱，爱这个世界。

在霍金斯能量层级理论中，爱有很高的能量。当你全然地爱自己的时候，别人也就会知道如何爱你。这种爱不再是你抓取来的，而是你自己成为发光发热的太阳后，别人对你的爱戴。同样，如果你带着爱和感恩的心来看待金钱，那么你就会收获宇宙对你的丰盛的回馈。

唤醒你的财富能量

运用四个旺自己的方法，从宇宙万物中吸取能量

有的人会说，当我能量高的时候，就会吸引好运和财富，这也就是我们俗称的"旺"。但是每个人生活中总有能量低的时候，怎样才能保持高能量呢？下面我将介绍四种方法，可以让你随时随地提升能量，让你的运气旺旺。

接触自然

在这个地球上，每一朵花、每一棵树、每一粒沙、每一片海都包含着宇宙中最纯净稳固的能量。我们每一个人都能从它们身上吸取能量。

我们通常会在森林中、瀑布旁、公园里感到身心无比舒畅，浑身充满了力量，无论多疲劳的身体，在进入这些环境当中时就像"脱胎换骨"了一样，即刻容光焕发，精神抖擞，疲劳感也瞬间消失得无影无踪了，这正是因为你进入了

130

一个到处都充满正能量的环境当中。

但是狂风飞沙之日，人群密集、空气污浊的场所，会给人以心烦意乱、头痛疲乏之感。

在能量低的时候你可以去看海，光脚踩在柔软的沙粒上，想象你的低能量从脚底涌出，进入沙滩，被海水拂去。

海边的负离子很多。海浪频繁地涌动，会产生大量的负离子，被海风带到海边，海边的空气会格外清新，令人心旷神怡。我们置身在空气清新的环境中时，会感到心情舒畅，疲惫感也会随之消失。

你也可以去公园，和树木花草交朋友，经常去看望它们，和它们交流，把你的故事和秘密讲给它们听。说说你的困惑，在交流以后，你的能量得到提升。你会突然冒出一个灵感，念头一转，困扰你的心结被打开了。

接触积极乐观的高能量的人和阅读给你灵感的高能量的书

在生活中我们要多接触高能量的人，他们的能量场会影响你，让你更加积极，能量更高。拥有高能量的人会有以下特征：

- 精神饱满，生机勃勃；
- 行动力、执行力强；

- 情绪稳定，积极乐观；

- 身体健康，有良好的生活习惯；

- 爱帮助人，付出不求回报。

要远离吸食你能量的低能量的人，这些能量"吸血鬼"有以下特征：

- 生活中唉声叹气，悲观，总抱怨；

- 指责你，打压你，放大你的缺点；

- 爱控制，只要不听他的，他就会通过愤怒或者哭泣来操纵你；

- 爱嫉妒，背后说他人的坏话；

- 喜欢批评社会的阴暗面，充满戾气。

另外，我们也可以阅读一些经典书籍，就是反复读那些流传了几百年甚至上千年的书，里面都是智慧的凝结，会带给我们能量。阅读这些给人启发、让人觉醒、给人鼓励、振奋人心的高能量的书，也是与其高能量的作者穿越时空进行接触，同时可以和他们同频共振。

佩戴或摆放水晶等具有观赏性的物体

我很喜欢水晶。家里有各种颜色的水晶摆设。水晶在地球上生长了亿万年，它们的能量大多稳定而纯粹，是这颗星球上原始古老的存在。

水晶是地球上较丰富的矿物之一，它们通常生成于几亿年前或者几千万年前，最年轻的也有几百万年了。水晶就好像一位活了上亿年的老者，那些存在于晶体中的七彩之光，是我们肉眼可见的，是矿物包裹下历经了沧海桑田千百万年的记忆。

天然水晶具有天然的磁场，自身极其清静，它的能量非常高。人类大多数困扰来源于情绪的累积，各种情绪的累积形成了人类固有的认知角度和行为模式。人在与天然水晶接触后，受到水晶磁场的影响，有序带动无序，回归清静有序，打破原先的角度和认知，进而达到身心合一的效果。

独处，学会对人、事、物进行断舍离

我们的思想每天被太多的人、事、物占据，这些无一不在消耗着我们的能量。

实际上，整个生命的过程就是能量的获取与释放的过程。除了从饮食中获取能量，其实很多人不知道我们还需要从虚空中获取能量。这个能量的获取其实说起来也很简单，就是虚、静二字而已。虚极、静笃是道家修炼的最高层次。

在这个状态下，天地的能量可以随时为我所得。首先你要静下来。静下来，代表你开始减少能量的消耗，虚，才能开始从太空宇宙中吸收能量。而能吸收到什么样的能量，则取决于你的内心，你有什么样的内心，你就会感召到什么样的能量。这就是同声相应、同气相求的道理。

为了达到这个状态，我们每天要有一定的时间独处，你可以单纯地睡觉。睡觉的时候，也是恢复能力的过程。你也可以静坐、冥想。

另外，为了避免被太多不相干的甚至负面的人、事、物干扰，你的生活需要断舍离。

● 远离那些低能量的人，与懂你、欣赏你的人在一起。高能量的人会让你充满自信，提升你的认知，打开你的格局。

● 不与烂人、烂事纠缠。万事有因果，如果有人作恶，老天会惩罚他。当你发现某件事让你陷入低落、愤怒时，要尽快抽离出来，不是所有的事情都需要解决，你的能量高了，有的事情自然会消失。

● 清理不需要的衣服、家具、电器等物品，送给有需要的人。一些旧的物品的能量是陈旧的，一些坏了的电器放在家里，更会影响家里的好运。把家里和办公室的空间整理出来，才有利于能量的流动。家里和办公室干干净净、整整齐齐的，会让你感到神清气爽，元气满满。

悦函财富能量笔记

　　钱是世界上最有灵性的东西，你越懂它，它越找你。当你一个人静下来的时候，你可以和金钱沟通，问问金钱喜欢什么、不喜欢什么。我们和金钱沟通其实就是在和自己的潜意识沟通。金钱喜欢爱和喜悦；金钱喜欢流动；金钱喜欢感恩。金钱不喜欢贪婪和恐惧；金钱不喜欢匮乏和不自信；金钱不喜欢限制性的思维。读懂了金钱的语言，会让我们越来越有钱。

　　稻盛和夫说：想成功，只有强烈的愿望还不够，必须在头脑和眼前显现出你想要的结果。黑白还不够清晰，必须呈现更接近现实的彩色，更逼真、更自然的状态。这也就是我们所说的"视觉化"给潜意识下达指令。

　　你要想象你已经拥有财富了，想象你的银行存款是多少，你会去买理财产品还是做投资。想象你是个富人，你会住什么样的房子，开什么样的车子。想象你在高档的场所消费，想象你用财富来帮助其他人的场景。你的思想越强烈，视觉化的画面越多越清晰，你的指令就越清晰，你的潜意识就会越快速越准确地接收到，然后有可能帮你实现。

生活就是你口中的样子。每天你所说的话，都给你的每一天指明了方向。这就是宇宙法则！积极的语言才能把你带向美好的人生！

所以从此时此刻开始，让我们只看、只听、只说、只做美好的事物！每天对自己、对他人说：我多么幸运！我多么美丽！我多么智慧！我多么健康！我多么富有！我多么善良！世界多么美好！创造自己喜欢的肯定语，每天在早晨醒来或者睡觉前大声朗读，多念几遍，就是在你的潜意识里植入这些积极的思想。久而久之，你在潜意识的土壤里种下的正面种子就会开出富足的花。

在霍金斯能量层级理论中，爱和感恩有很高的能量。懂得感恩的人幸福感最高，感恩创造了内心的富足，伴随我们穿越一切顺境和逆境。感恩更是一种能力，是一种诚恳和谦卑。

当你全然地爱自己的时候，别人也就会知道如何爱你。这种爱不再是你抓取来的，而是你自己成为发光发热的太阳后，别人对你的爱戴。如果你带着爱和感恩的心来看待金钱，你会收获宇宙对你的丰盛的回馈。

当我们能量高的时候，就会吸引好运和财富，这也就是我们俗称的"旺"。在能量低的时候，我们可以通过以下四种方法保持旺运：接触自然；接触积极乐观的高能量的人和阅读给你灵感的高能量的书；佩戴或摆放水晶等具有观赏性的物体；独处，学会对人、事、物进行断舍离。

第六章

做一个觉醒者，让人生"开挂"

觉醒后，身边的糟糕事都消失了

你人生当中也许有人际关系的烦恼。上班遭到同事的排挤，背后说你坏话；老板专制，不听取你的意见；排队买东西时有人插队，你好意提醒，那人还破口大骂；还有那个没素质的邻居，总在深夜的时候拉琴扰民。你感觉糟透了，好像周围的人都是来伤害你的一样，情绪非常低落。

也许你玩过"剧本杀"的游戏，有的剧本是喜剧，有的是恐怖悬疑剧，有的是悲剧，有的是情感剧。里面的工作人员扮演非玩家角色（Non-Player Character，NPC），他们或者来吓唬你，或者假扮伤害你的人，就是为了让游戏玩家感到更刺激。玩家有时被吓得大叫，有时会因为感动而哭，有时则会哈哈大笑。花几百元体验过后觉得真有意思，下次还来。

你想想，如果你的某段经历也是剧本杀游戏里的某个剧本，你还会为此耿耿于怀吗？这个世界，对于心态好的人，就是一个大游乐场，充满欢乐；对于悲观的人来说，随时随地都会受伤。所以，你觉得自己活在什么样的世界里，取决于你到底怎么想。

我们在工作和生活中的很多烦恼来自人际关系。如果人生是一场梦境，当看穿梦境的时候，就等于在梦境中醒来。这就是觉醒。**我感受到的觉醒，是一个从"不知"到"知"的过程，是一种心念层面的明显转变，是一个能量提升的过程。**

你会一直沉迷在游戏的某一个剧本里吗？这只是一种体验，体验过了以后就进入下一个体验。永远不要让某件事、某个人影响你太久。否则，你就是把自己禁锢在一个由自己思维形成的牢笼里。他们只是来陪你玩、完善你的生命体验的。

人生经历的每一件事情都是给我们机会来提升自己的。当你觉醒后，完全可以玩你自己设定的剧本。你可以把地球当作一个游戏场，身体是你体验游戏的工具。睡觉时下线充电，起床后满血复活。游戏初始时，我们被随机分配了不同的家庭。有一些高级玩家把一手好牌打烂，也有普通玩家可以把一手烂牌打出王炸。这个游戏怎么玩，每天都由你自己来设定。生命的一切，都只是游戏体验而已。

当你还没有觉醒，还处于低能量状态的时候，旧有的限制性信念会让你的生活产生烦恼，你信以为真有了评判，就起了情绪执念，那些情绪执念又散发出低的能量，会吸引更多的让你产生烦恼的人和事。

当你提升能量，觉醒后会表现出三个特点：

● 你开始从内在感受到一个全新的自己，你与过去不再是同一个人。你将会以一个全新的视角看待世界。

● 曾经那些冲突和紧张，从现在开始脱落，你对评价别人和自己都越来越没有兴趣。你不会受到他人情绪的影响，自发的思考和行动越来越多，没有过去的恐惧感约束，感觉自己和大自然有深切的连接。

● 你的内心很平静并且喜悦。面对外面的世界内心不再起波澜。因为你能看透并且知道万物的真相，明白本质上是怎么回事。你可以创造自己喜欢的剧本来体验。

当我们觉醒后，自己的能量振频提高，你的周围和你共振的人和事会自然调整，你会发现一些低能量的人会主动离开你，一些令你不高兴的事也会自动消失。

刚参加工作的时候，我一个人到北京，生活中充满了未知。回想起来，当时的情绪是焦虑、恐惧、消极，能量肯定是很低的，正因为能量低才吸引了一些低能量的人和事。随着我的能量慢慢提升，我现在遇到的人都非常有修养，积极乐观，乐于助人，都是在社会各个行业作出卓越贡献、能量很高的人。

当你遇到一个能量低的人或者事时，你要做的是以下三步。

● 第一步：你要马上远离低能量，不与这种低能量的人和事纠缠。

● 第二步：你要觉察自己的念头和能量，是什么让你吸引了这样低能量的人和事，然后马上转念，调整你的念头和能量，把心态调整为积极乐观。

● 第三步：把不开心的事当作一个体验，过去就翻篇了，不要来回纠结。在你觉醒、能量提高以后，这些低能量的人和事就会自动消失。你可以主动创造你想要体验的人生剧本。

全职妈妈能量提升，影响辍学的孩子考上了世界名牌大学

对于一位女性来说，孩子就是自己最大的财富。很多女性在婚后为了照顾先生和孩子的生活，放弃了自己的事业，成天忙忙碌碌，奔波于菜场、学校和家庭之间。不上班，什么都将就着来，舍不得为自己花钱，也不打扮自己，完全失去了职业女性的风采。但是往往做了那么多牺牲，还会被孩子和先生嫌弃不修边幅。

李姐（化名）是我的一名读者，在她的儿子小的时候，她辞去了工作，在家里专心带孩子，做起了全职妈妈。因为为家庭牺牲了自己的职业，李姐把所有的精力都放在了自己的儿子身上，希望他能够出人头地，考上"985"大学，为自己脸上增光。

然而儿子上了初中后的成绩却非常一般，别说"985"大学，连考到重点高中都是一个问题。李姐陷入了焦虑，她为这个家付出了这么多，绝对不允许自己的付出得不到回报。她开始更加"严格"地管理孩子。孩子早上起不来，吃饭吃得少，回家刷手机，大大小小的事她都要唠叨一番："我为你牺牲了自己的事业，天天也舍不得花钱，把钱都给你上辅导班了，你现在还这样！""你考不上好大学就只能去拧螺丝，你这样对得起我吗？"时不时地还伴随着一声"唉……"的叹气。

李姐的儿子15岁了，已经进入了青春叛逆期。她的这些唠叨对于青春期荷尔蒙不受控制的"易燃易爆"的孩子来说，就像火上浇油。儿子一听就炸，有的时候会和妈妈大喊"你这个家庭妇女，别烦我"；有的时候会摔东西，把很贵的钢琴砸出一个坑；有的时候甚至会说"那你让我去'死'吧，你不该生我这么个废物"。妈妈被气哭的时候，对孩子更是一个刺激，孩子会大喊"我最讨厌你哭"，然后就摔门而去，离家出走。

后来儿子居然越来越"摆烂"，不去上学了，辍学在家，大门紧锁打游戏，只要李姐说两句，他就说，你信不信我从楼上跳下去？吓得李姐赶紧闭嘴。

要知道李姐和她老公花了所有的积蓄，买的北京东城区的学区房才让儿子上了目前所在的重点中学。她觉得自己省吃俭用供了这么个不上进的儿子，还被"白眼狼"孩子骂，简直连死的心都有了。她看过心理医生，求助过教育专家，让亲戚朋友劝说过孩子，都无果。

有时她来投资讲座时会悲恸欲绝地说起这些事，我提醒她：你不妨在能量层面找找原因吧。你和孩子说的每句话是出于喜悦、鼓励、积极、乐观，还是出于恐惧、匮乏、烦躁、不安？你对孩子的担忧难道不是一种"诅咒"吗？

青春期的孩子的能量本来就是不稳定的，青春期是一个离开妈妈、自我转变成独立人格的过程。这个时候他们不是故意要爆发，而是大脑没有发育完善，无法控制自己的情绪。孩子是妈妈身上掉下来的肉，能量是紧密相连的。他会敏感地感应到你身上的这些低能量，从而受你的影响。并且在青春期这么一个特殊的时期，他更会放大父母的负面情绪，所以会大喊大叫、寻死觅活、摔东西，甚至离家出走和辍学。

孩子的这些负能量都是李姐负面情绪的投射和放大，所以我建议李姐，自己先提升能量。自己的能量高了，就会带动周围的人一起高频振动。李姐一开始不相信，但也没有别的办法了，只能试试。她现在也不求"985"大学了，只要孩子能健健康康去上学就行了。

我教她做的第一件事就是只说正面的话，也就是我们说的肯定语。

- "你不去上学让妈妈好担心"变成"你休息一段时间也好，后面会发挥更大的潜力"。
- "你天天玩游戏是不是魔怔了"变成"你多研究研究游戏，以后去游戏公司工作也不错"。
- "你对得起父母对你的付出吗"变成"妈妈相信你，无论你现在做什么，以后你一定会有出息的"。

我建议李姐做的第二件事是多接触大自然，做一些开心的事，每天保持喜悦，不去焦虑、担忧。全然相信孩子的青春期只是一个特殊的阶段。在经过蜕变后，他会破茧成蝶。我告诉她，你相信什么，就会吸引什么。

慢慢地，我看到李姐的朋友圈不再是抱怨和负能量，她会晒一些美食、美景和美照自拍。我知道她的能量在逐渐提升，而她的高能量影响了儿子。孩子慢慢地觉得辍学在家没意思了，有一天终于决定去上学。

一切都在往好的方向发展，孩子中考考到了重点高中，又过了两年，他申请了加拿大一所知名大学的商科，成功被录取了。要知道这所大学在全世界排名第18位，比有的"985"大学还要好。李姐高兴地请大家吃饭。

　　我们所在的外在世界都是你内心的投射，你焦虑不安，投射的世界就让人缺乏安全感；你愤怒，外在世界就会有很多让你生气的事；你关注好的，就会吸引成功、喜悦。心变了，世界就变了。作为孩子的家长，大家都望子成龙。而孩子的能量更是和父母紧密相连的。父母应该时刻觉察自己的能量，是富足还是匮乏，是平和还是焦虑，这才是影响孩子好或坏的关键。这同样也适用于伴侣之间的亲密关系。

积极的心态让绝症患者痊愈，健康是最大的财富

广义上的财富，除了物质财富还有健康的身体、亲密的家庭关系、多层次的社会关系以及豁达的思想，这些都是人人向往的生活目标。积极的心态是一种很高的能量，同样可以用在获得其他形式的财富上。

拿健康来举例，健康的重要性不言而喻。不论有多少物质财富，如果没有健康的身体，那么对我们来说都等于零。毋庸置疑，健康这个财富是所有财富中最重要的，是所有人都想获得的。

积极的情绪能量很高，能使人产生轻松愉快的感觉，振奋精神，增强免疫系统功能，对健康有益；而消极的情绪是很低的能量，会使人意志消沉、心灰意冷，让人血压升高、食欲降低，甚至诱发细胞癌变，对健康有害。想收获健康这个财富，同样需要正面的心态。

在我 2019 年出版的《高财商：轻松实现财务自由的思考力和行动力》一书中有这么一个故事：

曾经有一个富翁控股一家很大的公司，公司有很多员工。他每天拼命工作，不分昼夜。公司里的事务让他头疼，股东之间的纠纷让他烦恼，家人冷淡的态度让他的心脏隐隐作痛。但他还是全然不顾身体发出的停止工作的信号。由于长年饮食不规律，他胃疼得无法进食，医生诊断他得了胃癌，认为他活不过一年了。这个消息对他来说犹如晴天霹雳，他辛辛苦苦地工作，还没有享受人生，就被医生宣判了"死刑"，所有的财富对他来说已经失去了意义。

他在开车回家的路上走错了路，不知不觉开到了一片山林，富翁沉浸在深深的痛苦之中，突然前方一个急转弯，他来不及减速，车一下偏离了车道，掉到了旁边的一个沟里，富翁的脑部受到了撞击，失去了意识。过了很久，富翁醒来了，由于脑部受伤，他已经想不起自己是谁，他在山林里走着，呼救着，走了几公里的路，终于看到了一个小木屋，里面有一位老爷爷，他是山林果树的看守者。

老爷爷给富翁进行了包扎，给了他热茶和食物，富翁就在这个山林的小木屋里安顿了下来。他白天帮助老爷爷采摘果子，劈柴做饭，晚上就在小木屋里睡觉。山林里新鲜的空气，鲜美的果子，安静的环境，还有可爱的小动物，这一切都让富翁感到舒适。慢慢地，他的头不疼了，胃也不疼了，干农活让他的身体强壮了起来，可是他就是想不起自己是谁。很快一年过去了，富翁的身体越来越好，他可以爬很高的树摘果子。有一天他正在摘果子，突然从树上蹿出一只松鼠，富翁受到了惊吓，从树上掉了下来，脑袋磕在了地上。这时，他的记忆恢复了，想起了自己是谁，想起自己出了车祸，想起了医生向他宣判的"死刑"。后来，他和老爷爷告别，感谢他这一年来的照顾，踏上了回家的路。

富翁回到了家，大家喜极而泣，富翁表达了愧疚之情，告诉他们自己得了癌症，想用最后这段时间好好地陪伴家人。他的妻子看到富翁红光满面的样子，不像得了癌症，就带他去复查。医生惊奇地发现在富翁体内的癌变细胞消失了，这真是一个奇迹。医生听富翁诉说了他的故事，总结道："你的山林生活和失忆救了你。山林生活让你远离公司的纷繁事务和负面情绪，每天简单开心地干农活让你心情愉快、体魄健壮，恭喜你，痊愈了！"富翁就这样从死亡边缘回来了，他决心以后一定要以正面、积极的心态对待自己的身体，对待自己的家人和财富。

我们的心态和情绪会对身体产生很大的影响。中医里说

"怒大伤肝""思则气结""忧思伤脾"等，就是讲由情绪导致的身体疾病，过度的情绪波动会损害健康。情绪是一个人的心理状态在情感上的外部反映，可以分为两种：一种是积极高能量的情绪，如友爱、喜悦、信心、勇敢、淡定等；另一种是消极低能量的情绪，如痛苦、惊慌、愤怒、忧郁、沮丧、羞愧等。

故事里的"富翁"因为工作中的烦恼催生出癌症，又因为失忆以后的山林生活，心情保持愉快而得到痊愈。我们在高中的《生物学》教材里可以学到：细胞更新具有周期性。人体内胃的细胞7天更新一次；皮肤细胞28天左右更新一次；肝脏细胞180天更新一次。一年左右的时间，身体98%的细胞都会更新一次，6~7年就会全部更换成新的细胞。不要再把旧有的信息带给你的新细胞，要做一个完完全全健康的新人。善待每一个细胞，不要被曾经的烦恼和疾病困扰，请让新生细胞带上积极的健康的高能量。

心的高能量，可以让你保持健康

当你生病的时候，你应该去想如何做能健康，而千万不要去想如何治那个病。想不生病和想健康表面上看是一回事，其实完全不同。想如何健康，你就会很快健康。老是去想吃哪个药能治你的病，老是担心失去健康，老是想你的病如何如何，那你就会很难摆脱那个病。

为什么？因为你总想着治那个"疾病"，就把这个"疾病"的信息植入了你的潜意识。关注这个疾病会吸引更多类似的能量。

我们每个人可能都有这个体会，我们的病往往都是在不知不觉中好的。也就是说，当你不想这个疾病的时候，它才慢慢好起来。本节故事的那个富翁就是因为失忆，忘记了以前低能量的事以及疾病才得以痊愈。很多人都有这个体会，当你专心致志长期做一件事的时候，蓦然回首，你的慢性病、顽疾在不知不觉中治愈了。

有的时候医生会给一些焦虑的病人开一些糖丸或者维生素作为安慰剂。也有病人会去道观或者寺庙求一个治病的"符"或者"吉祥物"，这实际上也是一种安慰剂。当我们知道信念信息和能量后，这个原理就再简单不过了。当一个人对安慰剂有着足够的信心后，那么这个安慰剂里就带有能够治疗他的疾病的这个信息，信心越强，能量（疗效）就越大。

这就是"相信"，也是心念的强大作用。"意念磁场"可以影响随机事件的发生。意念磁场能够吸引和其能量一致的事情、环境和人群。也就是说：你关注什么，就会吸引什么进入你的生活。任何你给予能量和关注的事物都会来到你身边，不论你关注的是好的还是不好的，是财富还是健康。

　　健康的身体是我们最大的财富，我们要保持身体的健康，首先就要保持一颗高能量的心。

转念就是转运，凡事发生皆有利于我

"凡事发生皆有利于我，生活就是你口中的样子"，我把这句话打在了手机的壁纸上。如果你觉得一件事的发生和你的预期不符，不要懊恼忧愁，如果我们无法改变结果就试着改变一下自己的心态。坏事也许就变成了好事。

在一些历史故事里，刘邦没能按时押送犯人，按律当斩，他改变了心态将犯人都放了，结果收获了人心，最后当了皇帝；朱元璋因为好友的书信被举报，最后下定决心从军抗元，结果当了皇帝；玄烨（康熙皇帝）小的时候得过天花，最后却正是因为得过天花有抗体，为他登上帝位增加了筹码，最后成了皇帝。

可见，生活中突如其来的"坏事"其实并不可怕，只要心态好，转变念头，运气就可能开始转变，所有的苦难都会成为未来生活的调味剂，说不定还有机会当"皇帝"。

如果你认真地观察，你就会发现：这个社会中绝大部分的人都是被动地活着，他们的一举一动都被环境所影响。

转烦恼为"菩提"

有一句话叫"烦恼即菩提"，说的是烦恼是得智慧的机缘。你起烦恼的时候，得智慧的机会就来了。我们人生当中会有很多烦恼：工作不顺心、收入不高、孩子不听话、伴侣不贴心。说明我们有某些执念，越是执着于什么，就越烦恼什么。这些都是我们人生的功课，这辈子你执着于钱财，金钱就是你的功课；你执着于名利，名利就是你的功课；执着于感情，亲密关系就是你的功课。

大千世界就是我们的一个"修行场"，修炼我们的心，了悟烦恼，破除执念，明心见性，就会得到智慧。

开始转念练习

改变命运的关键在于"转"。如果你相信凡事发生皆有利于我，你就做好了转运的准备。

第一步你可以先写下你人生中所有的烦恼，第二步找到这件事有可能给你带来的好处。

比如：

烦恼：周末在家休息，但是不知谁家一直发出电钻的噪声，让人无法睡懒觉	转念：没睡成觉，来到公园，看到了朝霞、晨露，闻到了泥土清香和花草的芬芳。在大自然里提升了能量
烦恼：工作所处的行业正在走下坡路，不但降薪而且还裁员。收入递减不说，说不定还面临失业	转念：这是在提示我要另换一个赛道了。我会找到另外一个长长的坡道，上面有厚厚的雪，让我滚自己人生的雪球
烦恼：孩子不听话，动不动就发脾气摔东西	转念：该是我学习平等教育、提高沟通水平的时候了
烦恼：被朋友欺骗，被伴侣背叛，人生惨透了	转念：一定是我的能量提高了，才让生活中低能量的人纷纷离开。以后我的生活中将都是能量高的良师益友
烦恼：常去的那个健身机构倒闭了，充值的会员也没有退款	转念：我会发现更好的健身机构，认识更多的新朋友
烦恼：慢性鼻炎、痛风、失眠又犯了，痛苦	转念：这是身体在用疼痛提醒我，早睡早起，节制饮食，保持心情愉快，以避免更大的病痛
烦恼：股市又跌到3000点了，害我亏了很多，这个股市真让人绝望，没救了	转念：跌到谷底、让人绝望的时候，往往会诞生机会。绝处逢生，该反转了

这样的例子你可以写下很多。当你在烦恼时转念，认为凡事发生皆有利于我，万物皆为我所用，那样你就是自己命运的主宰，你就是高能量的存在，由于你高频的振动，会带动周围事物的能量提升，外境自然也就变得越来越好。

高能量的人有多厉害：事业、家庭、人际关系全面"开挂"

狭义上的财富是可以通过金钱交换的，而广义上的财富，泛指一切有价值的东西，包括大自然赋予我们的一切，比如阳光、空气、河流山川，包括信念、积极的态度以及各种知识。健康的身体、和谐的人际关系、亲密的家庭关系，以及从事着一份自己喜欢而有意义的事业都是我们的财富。

根据所做的事情不同，每个人最看重的财富也不同。对农民来说，农产品是他最重要的财富；对商人来说，资金是他最重要的财富；对学者来说，书是他最重要的财富；而对修行的人来说，悟道解脱是他最重要的财富。

提升能量同样可以用在获得其他形式的财富上，让你获得广义上的财富。除了物质财富，还有健康的身体、亲密的家庭关系、多层次的社会关系以及豁达的思想，这些都是人人向往的生活目标。

当你拥有高能量后，你会情绪稳定，积极乐观，身体健康，内心平和，不在意他人的眼光，执行力强，运气很好，一帆风顺，事业、家庭、人际关系会全面"开挂"。

这节作为本书最后的一个小结，我们来总结一下让生活全面"开挂"的高能量的人有哪些特征。

● 高能量的人是开悟的，他们一眼就可以看到事物的底层逻辑和本质，从第一性原理来解决问题。他们善于接纳，与万事万物合一。有他们在的地方充满了和谐的磁场，让人不自觉地被吸引，想和他亲近与交谈。

● 高能量的人积极进取，自发地去学习和工作。浑身散发着热情，做事永不知疲倦。

● 高能量的人聚焦生活的美好，对新事物保持好奇，敢于尝试，不怕失败。

● 高能量的人的情绪是平和的，谦逊友善。处理事情的时候，不会有恐惧、担忧、焦虑的情绪，不会被过去失败的经验裹挟，也不会因为他人的负面评论受影响。

要提高自身的能量，要护身也要护心，本书提供的方法：

● 只关注美好的和你想要的，对财富、事业、家庭、人际关系等抱有积极的心念，才能把一些美好的事物吸引到你的生活中。

● 觉察你的每一个念头，当有匮乏、消极的能量的时候，立即转念往好处想：凡事发生皆有利于我。

● 使用肯定语，注意你说的每一句话，你嘴上说的就是你的人生。

● 视觉化你的目标，把你想要的在脑子里形成蓝图，赋予颜色，让它活灵活现地展现在你眼前，这样可以更快地给潜意识下指令，让目标得以更快地实现。

● 爱宇宙万物，感恩上天给你的一切。爱和感恩具有很高的振频。

● 多感受大自然，与花草树木连接，佩戴高能量的物品，比如水晶。

● 多和高能量的人接触，看高能量的书籍和艺术作品。

● 避免人多嘈杂的地方，这会吸食你的能量。对低能量的人、事、物进行断舍离，独处，做冥想。

另外你也可以从生活中的小事做起，多微笑，发自内心地鼓励和爱自己以及身边的人，早起早睡，整理房间，做自己喜欢的运动，吃美味的食物，活在当下。

最后致每一位读者朋友：要唤醒、用好和提升自己的能量，你想要的财富，理想的工作，美好的人际关系，身体的健康，都可以通过提升心的能量得到。当你拥有高能量场，你的人生就会"开挂"。祝你的人生耀眼夺目，活出你想要的自己。

悦函财富能量笔记

觉醒，是一个从"不知"到"知"的过程，是一种心念层面的明显转变，是一个能量提升的过程。这个世界，对于心态好的人，就是一个大游乐场，充满欢乐；对于悲观的人来说，随时随地都会受伤。你觉得自己在什么样的世界里，取决于你的心到底怎么想。永远不要因为某件事、某个人而影响你太久。否则，你就是把自己禁锢在一个由自己思维形成的牢笼里。他们只是来陪你玩、完善你的生命体验的。

当你还没有觉醒、还处于低能量状态的时候，旧有的限制性信念会让你的生活产生烦恼。你信以为真有了评判，就起了情绪执念，那些情绪执念又散发出低的能量，会吸引更多的让你产生烦恼的人和事。当我们觉醒后，自己的能量振频提高，你周围和你共振的人和事会自然调整，你会发现一些低能量的人主动离开你，一些令你不高兴的事也会自动消失。

我们所在的外在世界都是你内心的投射，你焦虑不安，投射的世界就让人缺乏安全感；你愤怒，外在世界就会有很多让你生气的事；你关注好的，就会吸引成功、喜悦。心变了，世界就变了。作为孩子的家长，大家都望子成龙。而孩子的能量更是和父母紧密相连的。父母应该时刻觉察自己的能量，是富足还是匮乏，是平和还是焦虑，这才是影响孩子好坏的关键。这同样也适用于伴侣之间的亲密关系。

广义上的财富，除了物质财富，还有健康的身体、亲密的家庭关系、多层次的社会关系以及豁达的思想，这些都是人人向往的生活目标。积极的心态是一种很高的能量，同样可以用在获得其他形式的财富上。

当你生病的时候，你应该去想如何做能健康，而千万不要去想如何治那个病。想不生病和想健康表面上看是一回事，其实完全不同。想如何健康，你就会很快健康。老是去想吃哪个药能治你的病，就把这个病的信息植入了你的潜意识。关注这个疾病会吸引更多类似的能量。

一年左右的时间，身体98%的细胞都会更新一次，6~7年就会全部更换成新的细胞。不要再把旧的信息带给你的新细胞，要做一个完完全全健康的新人。善待每一个细胞，不要被曾经的烦恼和疾病困扰，请让新生细胞带上积极的健康的高能量。健康的身体是我们最大的财富，我们要保持身体的健康，首先就要保持一颗高能量的心。

如果你认真地观察一下，你就会发现：这个社会中绝大部分的人都是被动地活着，他们的一举一动都被环境影响。

大千世界就是我们的一个"修行场"，修炼我们的心。了悟烦恼，破除执念，明心见性，就会得到智慧。当你在烦恼时转念，认为凡事发生皆有利于我，万物皆为我所用，那样你就是自己命运的主宰，你就是高能量的存在，由于你高频的振动，会带动周围事物的能量提升，外境自然也就变得越来越好。

当你拥有高能量后，你会情绪稳定，积极乐观，身体健康，内心平和，不在意他人的眼光，执行力强，运气很好，一帆风顺。事业、家庭、人际关系会全面"开挂"。当你拥有高能量场，你的人生就会"开挂"。祝你的人生耀眼夺目，活出你想要的自己。